PHP 7.0+MySQL

网站开发全程实例

于荷云 编著

U0252587

清华大学出版社

内 容 简 介

本书以全程实例教学为设计目标,内容丰富,图文并茂,对每一个知识点都进行了详细深入的讲解。从网站开发环境的配置及PHP 7.0的基本语法规范入手,由浅入深,循序渐进地介绍PHP+MySQL开发技术在实际网站开发过程中的运用,并针对动态网站开发的关键功能模块,一步步引导读者掌握PHP应用开发技术的核心知识结构。

本书共分10章,在内容编排上独具匠心,各章节的知识点相互独立又前后贯穿有序。每章的实例均紧扣所讲解的知识点,实现了理论与实践相结合,会对读者在学习过程中整理思路、构思创意有所帮助。

本书对于PHP应用开发的新手而言是一本不错的入门教材,同时也适合有一定基础的网络开发人员以及大中专院校的师生学习和参考。

图书在版编目(CIP)数据

PHP 7.0+MySQL网站开发全程实例 / 于荷云编著.—北京:清华大学出版社,2018(2024.2 重印)
ISBN 978-7-302-50317-0

Ⅰ. ①P… Ⅱ. ①于… Ⅲ. ①PHP语言—程序设计②SQL语言—程序设计 Ⅳ. ①TP312.8②TP311.132.3

中国版本图书馆CIP数据核字(2018)第114977号

责任编辑:夏毓彦
封面设计:王 翔
责任校对:闫秀华
责任印制:宋 林

出版发行:清华大学出版社
  网 址:https://www.tup.com.cn, https://www.wqxuetang.com
  地 址:北京清华大学学研大厦A座   邮 编:100084
  社 总 机:010-83470000   邮 购:010-62786544
  投稿与读者服务:010-62776969,c-service@tup.tsinghua.edu.cn
  质 量 反 馈:010-62772015,zhiliang@tup.tsinghua.edu.cn
印 装 者:三河市龙大印装有限公司
经 销:全国新华书店
开 本:190mm×260mm   印 张:21.75   字 数:557千字
版 次:2018年8月第1版   印 次:2024年2月第10次印刷
定 价:69.00元

产品编号:075202-01

前　言

　　要开发Web动态程序，PHP是比较理想的开发语言之一，PHP易于使用、功能强大、成本低廉、安全性高、开发速度快且执行灵活。本书以全程实例为目标设计，内容丰富，对每一个知识点都进行了深入详细的讲解，图文并茂。本书从运行环境搭建、PHP的基本语法和规范入手，由浅入深、循序渐进、系统地介绍PHP的相关技术及其在实际Web开发中的应用，即针对核心动态网站的功能模块开发进行细致的讲解，一步一步地引导读者掌握PHP开发的全部知识体系结构。

　　本书共分为10章，在内容编排上独具匠心，各章节的知识点相互独立且前后贯穿有序。每章的实例均符合所讲解的知识点，实现了实践与理论相结合，会对读者在学习中的思路整理、开发创意有所帮助。各章节的内容如下：

　　第1章引导读者进入PHP 7.0开发领域，了解Web开发所需要的各种构件，掌握基于数据库的动态网站运行原理，以及PHP的功能、开发优势和发展趋势。在Windows系统下独立安装各种PHP所需要的开发环境，掌握phpMyAdmin数据库的管理方法。

　　第2章着重以小实例的形式介绍PHP的基本语法，包括语言风格、数据类型、变量、常量、PHP运算符和表达式的内容；同时，还会介绍PHP的语言结构，包括条件语句、循环语句等流程控制结构，以及函数声明与应用的各个环节；另外，PHP的数组与数据结构的应用也有所涉及。

　　第3章介绍在Dreamweaver软件下实现成绩查询系统动态功能的开发，重点介绍使用Dreamweaver进行PHP开发的流程，搭建PHP动态系统开发的平台，检查数据库记录和编辑记录的常见操作。

　　第4章介绍全程实例：用户管理系统的开发，按照软件开发的基本过程，以系统的需求分析、数据库设计和系统的详细设计为基本开发步骤，详细介绍用户管理系统开发的全部过程。通过对用户注册信息的统计，可以让管理员了解到网站的访问情况；通过用户权限的设置，可以限制其对网站页面的访问权限。

　　第5章详细介绍全程实例：新闻管理系统的实现方法。新闻管理系统主要实现对新闻的分类和发布，模拟一般新闻媒介发布新闻的过程。新闻管理系统的作用就是在网上传播信息，通过对新闻的不断更新，让用户及时了解行业信息、企业状况以及其他需要了解的一些知识。PHP实现这些功能相对比较简单，涉及的主要操作有实现访问者的新闻查询功能，完成系统管理员对新闻的新增、修改、删除功能。

　　第6章介绍全程实例：在线投票管理系统的开发方法。一个投票管理系统可分为3个主要功能模块：投票功能、投票处理功能以及显示投票结果功能。投票管理系统首先给出投票选题，即供投票者选择的表单对象，当投票者单击选择投票按钮后，投票处理功能被激活，从而对服务器传送过来的数据做出相应的处理。先判断用户选择的是哪一项，并累计相应项的字段值，然后对数据库进行更新，最后将投票的结果显示出来。

　　第7章介绍全程实例：留言簿管理系统的制作方法。网站留言簿管理系统的功能主要是实现网站的访问者和网站管理者的一个互动，访问者可以向网站管理者提出任何意见和信息，网站管理者可以在后台及时回复。主要涉及的技术有数据库留言信息的插入，回复和修改信息的更新等操作，在设置信息的回复时间时还会涉及一些关于PHP时间函数的设置问题。

　　第8章介绍全程实例：网站论坛管理系统的开发。论坛管理系统的主要功能是通过在计算机上运行服务软件，允许用户使用终端程序，通过Internet来进行连接，执行用户消息之间的交互功能，支持用户建帖、回复、搜索、查看等功能。主要设计是网站论坛管理系统的首页，用户既可以在这里发布讨论的主题，也可以回复主题；版主还可以对自己的栏目或版块进行修改、删除等操作。

　　第9章介绍全程实例：翡翠电子商城前台的开发。网上购物系统通常有产品发布、订单处理、购物车等动态功能。网站管理者登录后台管理，即可进行商品维护和订单处理操作。从技术角度来说主要是通过"购物车"来实现电子商务功能。网络商店是比较庞大的系统，必须拥有会员系统、查询系统、购物流程、会员服务等功能模块，这些系统通过用户身份的验证统一进行使用，从技术角度上来分析难点就在于数据库中各系统数据表的关联。本实例介绍使用PHP进行网上购物系统前台开发的方法，系统地介绍翡翠电子商城的前台设计，数据库的规划以及常用的几个功能模块前台的开发。

　　第10章介绍全程实例：翡翠电子商城后台。翡翠电子商城前台主要实现的是网站针对会员的所有功能，包括会员注册、购物车以及留言功能的开发，但一个完善的网上购物系统并不只是为用户提供注册功能，还应为网站所有者提供一个功能齐全的后台管理功能。网站所有者登录后台应该可以发布新闻公告、管理会员注册信息、回复留言、维护商品以及处理订单等。

　　本书配套素材和源代码下载地址：**https://pan.baidu.com/s/1otuYjd99ql_-t2RL_dt-cA**（注意区分数字与字母大小写），还可以扫描下面的二维码进行下载。

　　如果下载有问题，请发送电子邮件至booksaga@126.com，邮件主题设置为"求PHP 7.0+MySQL网站开发全程实例源代码"。

　　本书由于荷云编著，另外，陈益材、张冰、丰捷梅、张慧、曹雪松、辛植、梁廷森、谷庆霄、原野、王颖、连兴博、王国华、张春森等也参与了编写工作，他们均为多年从事商业网站建设的资深网页设计师。由于作者水平有限，疏漏之处在所难免，欢迎各位读者与专家批评指正。

编者

2018年5月

目 录

第 1 章

PHP 7.0 开发环境的配置

PHP是一种多用途脚本语言，尤其适合于Web应用程序开发。使用PHP强大的扩展性，可以在服务端连接Java应用程序，还可以与.NET建立有效的沟通甚至更广阔的扩展，从而可以建立一个强大的环境，以充分利用现有的和其他技术开发的资源。并且，开源和跨平台的特性使得使用PHP架构能够快速、高效地开发出可移植的、跨平台的、具有强大功能的企业级Web应用程序。在使用PHP进行网站开发之前，需要在操作系统上搭建一个适合PHP开发的操作平台。使用Windows自带的IIS服务器或者单独安装一个Apache服务器都可以实现PHP的解析运行，对于刚入门的新手而言，PHP的开发环境推荐使用Apache（服务器）＋Dreamweaver（网页开发软件）+MySQL（数据库）组合，本章将重点介绍PHP网站开发环境的配置。对于初学者建议直接安装XAMPP集成环境进行学习。

本章的学习重点

- PHP 7.0的基础知识
- 集成环境XAMPP的安装和使用
- PHP环境的安装与配置
- PHP的开发工具
- 使用Dreamweaver开发PHP的配置

1.1 PHP 7.0开发环境与特性

PHP全名为Personal Home Page，是非常普及、应用比较广泛的Web开发语言之一，其语法混合了C、Java、Perl以及PHP自创新的语法。它具有开放的源代码，多种数据库的支持，并且支持跨平台的操作和面向对象的编程，而且有完全免费的特点。本节首先介绍一下PHP 7.0版本的一些基础知识和新特点。

1.1.1　PHP网站运行模式

PHP是一种HTML内嵌式的语言。与微软的ASP相似，都是一种在服务器端执行、嵌入HTML文档的脚本语言，语言的风格又类似于C语言，现在被很多的网站编程人员广泛地应用。PHP是英文"PHP：Hypertext Preprocessor"（超级文本预处理语言）的递归缩写，是一种HTML内嵌式的语言，在服务器端执行的嵌入HTML文档的脚本语言，语言的风格类似于C语言，被广泛运用于动态网站的制作中。PHP语言借鉴了C和Java等语言的部分语法，并有自己的特性，使Web开发者能够快速地编写动态生成页面的脚本。对于初学者而言，PHP的优势是可以使初学者快速入门。

如图1-1所示为PHP的运行模式。PHP还具有非常强大的功能，所有的CGI或者JavaScript的功能PHP都能实现，而且支持几乎所有流行的数据库以及操作系统。

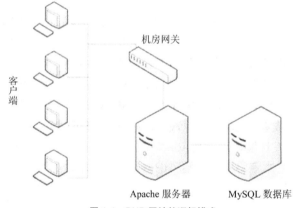

图 1-1　PHP 网站的运行模式

1.1.2　PHP的发展历程

PHP最初只是简单地用Perl语言编写的程序，用来统计开发者自己网站的访问量。后来又用C语言重新编写，开发可以访问数据库等新功能，并在1995年发布了PHP 1.0。2015年6月11日，PHP官网发布消息，正式公开发布PHP 7第一版的alpha版本，PHP 7.0正式版本的发布，标志着一个全新的PHP时代的到来。它的核心是Zend引擎，PHP的发展主要经历了以下8个阶段。

第一阶段：在1994年，Rasmus Lerdorf首次开发出了PHP程序设计语言。1995年6月，Rasmus Lerdorf在Usenet新闻组comp.infosystems.www.authoring.cgi上发布了PHP 1.0声明。在这个早期版本中，提供了访客留言本、访客计数器等简单的功能。

第二阶段：1995年，PHP的第二版问世，定名为PHP/FI（Form Interpreter）。在这一版本中加入了可以处理更复杂的嵌入式标签语言的解析程序，同时加入了对数据库MySQL的支持。自此奠定了PHP在动态网页开发上的影响力。自从PHP加入了这些强大的功能，它的使用量猛增。据初步统计，在1996年底，有15000个Web网站使用了PHP/FI；而在1997年中期，这一数字超过了50000。

第三阶段：PHP前两个版本的成功，让PHP的设计者和使用者对PHP的未来充满了信心。在1997年，PHP开发小组又加入了Zeev Suraski及Andi Gutmans两个程序设计师，他们自愿重新编写了PHP底层的解析引擎，还有很多其他人也自愿加入了PHP相关功能的开发工作，从此PHP成为真正意义上的开源项目。

第四阶段：在1998年6月，发布了PHP 3.0声明。在这一版本中PHP可以跟Apache服务器紧密地结合；它还可以不断地更新来加入新的功能；并且它几乎支持所有主流与非主流数据库；而且拥有非常高的执行效率，这些优势使在1999年使用PHP的网站超过了150000个。

第五阶段：PHP经过了3个版本的演化，已经成为一种非常强大的Web开发语言。这种语言非常易用，它还拥有一个强大的类库，而且类库的命名规则也十分规范，就算对一些函数的功能不了解，也可以通过函数名猜测出来。这使得PHP十分容易学习，而且PHP程序可以直接使用HTML编辑器来处理，因此，PHP变得非常流行，有很多大的门户网站都使用了PHP作为自己的Web开发语言，例如门户网站新浪网等。

第六阶段：在2000年5月推出了PHP划时代的版本——PHP 4。使用了一种"编译—执行"模式，核心引擎更加优越，提供了更高的性能，而且还包含了其他一些关键功能，比如：支持更多的Web服务器、HTTP Sessions支持、输出缓存、更安全地处理用户输入的方法和一些新的语言结构。

第七阶段：2004年7月，PHP 5正式版本的发布，标志着一个全新的PHP时代的到来。它的核心是第二代Zend引擎，并引入了对全新的PECL模块的支持。

第八阶段：PHP目前的版本是PHP 7.0（在编写本书时），在PHP 5.6基础上进行了进一步的改进，功能更强大，执行效率更高。本书将以PHP 7.0版本讲解PHP的实用技能。

1.1.3　PHP语言的优势

与其他的编程语言相比，用PHP做出的动态页面是将程序嵌入到HTML文档中去执行，执行效率比完全生成HTML标记的CGI要高许多；与同样是嵌入到HTML文档的脚本语言JavaScript相比，PHP在服务器端执行，充分利用了服务器的性能；PHP执行引擎还会将用户经常访问的PHP程序驻留在内存中，其他用户再一次访问这个程序时就不需要重新编译程序，只要直接执行内存中的代码就可以了，这也是PHP高效率的体现之一。PHP语言的优势具体可以体现在以下7个方面。

1．源代码完全开放

所有的PHP源代码都可以得到。读者可以通过Internet获得需要的源代码，快速修改利用。

2．完全免费，市场占有率较高

和其他技术相比，PHP本身是免费的。读者使用PHP进行Web开发无须支付任何费用。基于此，目前PHP在网站开发语言市场上占有率是比较高的，如图1-2所示。

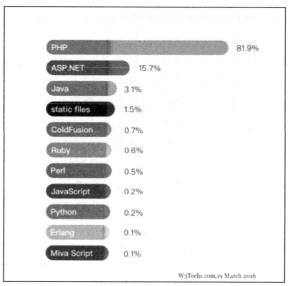

图 1-2   W3Techs.com 网站发布的统计信息

3．语法结构简单

因为PHP结合了C语言和Perl语言的特色，编写简单，方便易懂，可以被嵌入到HTML语言中。相对于其他语言，PHP编辑简单，实用性强，更适合初学者。

4．跨平台性强

由于PHP是运行在服务器端的脚本，因此可以运行在UNIX、Linux、Windows下。

5．执行效率高

PHP消耗相当少的系统资源，并且程序开发快、运行快。PHP 7版本比PHP 5的版本速度还要快两倍。

6．强大的数据库支持

支持目前所有的主流和非主流数据库，PHP的应用对象非常广泛。目前公认比较好的开发方案是使用PHP+MySQL的组合开发动态网站。

7．面向对象

在PHP 5以后的版本，面向对象都有了很大的改进，现在PHP完全可以用来开发大型商业程序。

1.1.4   PHP 7的新特性

随着MySQL数据库的发展，PHP 5.0以后的版本（包括PHP 7.0）都绑定了新的MySQLi扩展模块，提供了一些更加有效的方法和实用工具，用于处理数据库操作：添加了面向对象的PDO（PHP Data Objects）模块，提供了另外一种数据库操作的方案，统一数据库操作的API；改进了创建动态图片的功能，目前能够支持多种图片格式（如PNG、GIF、TIF、JPEG等）；已经内置了对GD2库的支持，因此安装GD2库（主要是在UNIX系统中）也不再是难事，这使得图像处理十分简单和高效。

PHP 7.0.0 Alpha 1使用新版的ZendEngine引擎，带来了许多新的特性：

（1）全方位性能提升：PHP 7比PHP 5.6性能提升了两倍。

（2）全面一致的64位支持。

（3）以前的许多致命错误，现在改成抛出异常。

（4）移除了一些老的不再被支持的SAPI（服务器端应用编程端口）和扩展。

（5）新增了空值合并运算符。

（6）新增了组合比较运算符。

（7）新增了函数的返回类型声明。

（8）新增了标量类型声明。

（9）新增了匿名类。

1.2　集成环境XAMPP的安装和使用

对于初学者而言，不需要浪费太多时间进行单独环境的配置和安装，特别推荐初学者单独下载集成环境一次性安装到位，开始具体的PHP程序开发，这里推荐使用集成环境XAMPP。XAMPP（Apache+MySQL+PHP+PERL）是一个功能强大的建站集成软件包。这个软件包原来的名字是LAMPP，为了避免误解，最近的几个版本就改名为XAMPP了。它可以在Windows、Linux、Solaris三种操作系统下安装使用，支持多种语言，如英文、简体中文、繁体中文、韩文、俄文、日文等。

1.2.1　XAMPP集成套件的下载安装

XAMPP也是笔者用到现在为止感觉比较好用的一款Apache+MySQL+PHP套件，同时支持Zend Optimizer，支持插件的安装，编写本书时XAMPP的最新版本是1.8.1。

下载的方法如下：

步骤01　打开浏览器，输入官方网址（https://www.apachefriends.org/download.html），按回车键后，进入到下载页面，如图1-3所示。

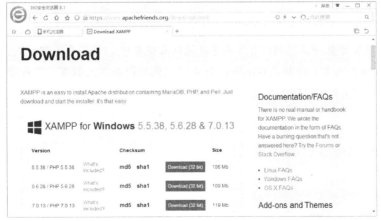

图1-3　进入下载页面

步骤02 单击页面上"XAMPP for Windows（适用于Windows的XAMPP）"的7.0.13/PHP 7.0.13（使用PHP 7版本）选项后面的Download(32bit)下载链接，即可开始下载。XAMPP是完全免费的，并且遵循GNU通用公众许可，XAMPP目前包含的功能模块和版本分别如下：

- Apache 2.4.23
- MariaDB 10.1.19
- PHP 7.0.13
- phpMyAdmin 4.5.1
- OpenSSL 1.0.2
- XAMPP Control Panel 3.2.2
- Webalizer 2.23-04
- Mercury Mail Transport System 4.63
- FileZilla FTP Server 0.9.41
- Tomcat 7.0.56 (with mod_proxy_ajp as connector)
- Strawberry Perl 7.0.56 Portable

XAMPP的安装过程很简单，解压包等就更简单一些。下载的安装包有122.7MB大小，如图1-4所示。

图 1-4　下载的安装软件

在Windows 10操作系统中安装XAMPP的步骤如下：

步骤01 安装时最好放置到D盘，不建议放到系统盘中，尤其是早期的XAMPP版本，可能默认安装在Program Files下，这样在Windows 10中可能需要修改写入权限，下载后先安装下载的组件，完成安装之后切换回XAMPP的安装步骤，提示将开始安装XAMPP组件，如图1-5所示。

图 1-5　安装面板

步骤02　单击 "Next（下一步）" 按钮，打开 "Select Components（选择安装组件）" 对话框，这里保持默认值，即勾选所有组件进行安装，如图1-6所示。

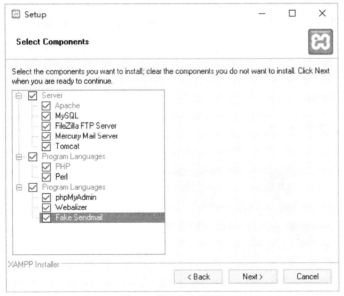

图 1-6　选择安装的组件

步骤03　单击 "Next（下一步）" 按钮，打开 "Installation folder（安装文件夹）" 对话框，这里选择在D盘下安装，如图1-7所示。

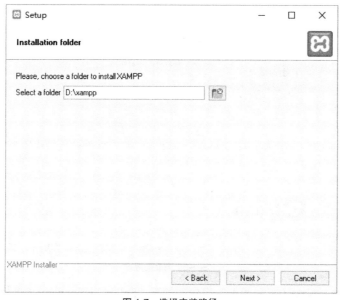

图 1-7　选择安装路径

Vista以上操作系统用户请注意：由于对Vista默认安装的C:\Program Files文件夹没有足够的写权限，推荐为XAMPP安装创建新的路径，如D:\XAMPP或D:\myfolder\XAMPP。

步骤04　单击"Next（下一步）"按钮，打开"Bitnami for XAMPP（开源项目中的XAMPP）"对话框，这里可以通过单击网站链接了解详细的XAMPP内容，如图1-8所示。

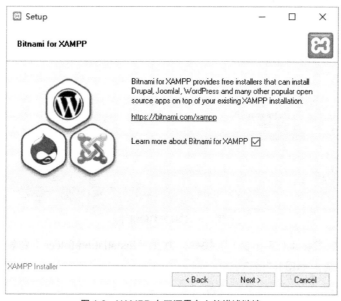

图 1-8　XAMPP 在开源平台上的描述链接

步骤05　单击"Next（下一步）"按钮，打开"Ready to Install（准备开始安装）"对话框，如图1-9所示。提示系统已经准备好，将XAMPP安装到计算机上。

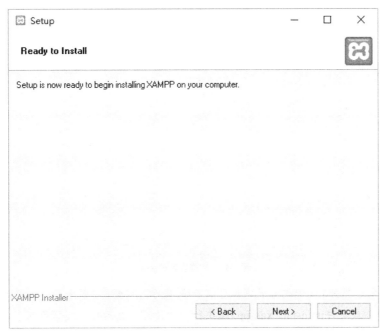

图 1-9　准备安装对话框

步骤06　单击 "Next（下一步）" 按钮，开始安装组件。安装的组件比较多，近700MB，需要耐心等上几分钟，安装的过程提示如图1-10所示。

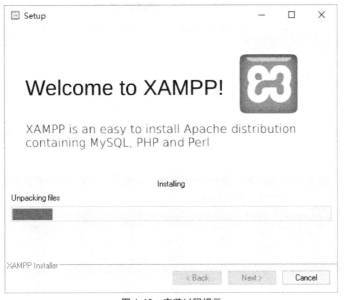

图 1-10　安装过程提示

步骤07　安装完成后，会弹出 "Completing the XAMPP Setup Wizard（完成XAMPP的安装向导）" 对话框，这里不需要进行任何的操作，以前的版本就需要根据提示进行一些设置。单击选中 "Do you want to start the Control Panel now?（你是否要开始启动控制面板）" 复选框，如图1-11所示。

图 1-11　完成安装对话框

步骤08　到这里XAMPP就安装完成了，如果提示XAMPP安装失败，请先运行安装一半的XAMPP目录下的卸载文件uninstall_xampp.bat执行一次清理，然后重新安装即可。单击"Finish（完成）"按钮，弹出选择语言对话框，这里选择美版（英语版），如图1-12所示。

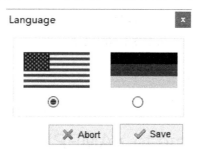

图 1-12　选择语言版本对话框

步骤09　单击"Save（保存）"按钮，启动XAMPP Control Panel（XAMPP控制面板），如图1-13所示。

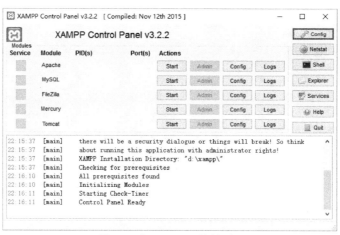

图 1-13　打开 XAMPP 控制面板

步骤10　下面我们来看一下XAMPP的控制面板，单击面板上各软件组件后面的Start按钮，弹出"Windows安全警报"对话框，全部单击"允许访问"按钮，如图1-14所示。

图 1-14　设置允许访问

步骤11　启动Apache、MySQL两个核心程序，最后设置完毕的对话框如图1-15所示。从中可以看到XAMPP的一些基本控制功能，注意不建议把这些功能启动运行（开机启动），每次使用时就当一个软件运行即可（桌面上已经有图标），这样在不使用XAMPP时更节省资源。

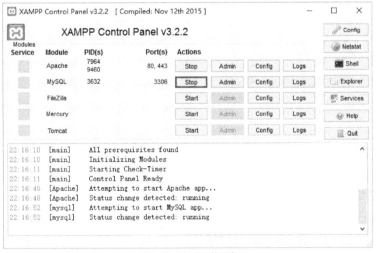

图 1-15　启动组件服务

步骤12　启动XAMPP成功之后打开浏览器，输入服务器默认IP地址：127.0.0.1，按回车键之后默认跳转到http://127.0.0.1/dashboard/页面，如图1-16所示，说明已经安装成功，可以开始使用XAMPP。

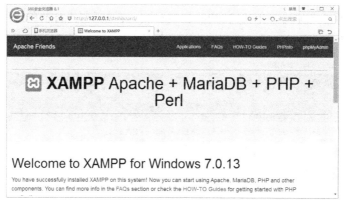

图 1-16　XAMPP 欢迎界面

1.2.2　XAMPP集成套件的使用

对初学者而言，开发后的PHP网站程序不知道要放在哪里，其实很简单，只要将整个网站程序放在htdocs文件夹下就可以进行访问了，如图1-17所示。同样要将数据库文件放在Mysql/date文件夹下，同时数据库的连接用户名要为root，密码为空（XAMPP默认安装下的用户名和密码）。

图 1-17　网站所放置的位置

XAMPP安装完成之后具体的使用方法如下：

（1）XAMPP的启动路径

xampp\xampp-control.exe

（2）XAMPP服务的启动和停止脚本路径

- 启动Apache和MySQL：xampp\xampp_start.exe
- 停止Apache和MySQL：xampp\xampp_stop.exe
- 启动Apache：xampp\apache_start.bat
- 停止Apache：xampp\apache_stop.bat
- 启动MySQL：xampp\mysql_start.bat
- 停止MySQL：xampp\mysql_stop.bat
- 启动Mercury邮件服务器：xampp\mercury_start.bat

- 设置FileZilla FTP服务器：xampp\filezilla_setup.bat
- 启动FileZilla FTP服务器：xampp\filezilla_start.bat
- 停止FileZilla FTP服务器：xampp\filezilla_stop.bat

（3）XAMPP的配置文件路径

- Apache基本配置：xampp\apache\conf\httpd.conf
- Apache SSL：xampp\apache\conf\ssl.conf
- Apache Perl（仅限插件）：xampp\apache\conf\perl.conf
- Apache Tomcat（仅限插件）：xampp\apache\conf\java.conf
- Apache Python（仅限插件）：xampp\apache\conf\python.conf
- PHP：xampp\php\php.ini
- MySQL：xampp\mysql\bin\my.ini
- phpMyAdmin：xampp\phpMyAdmin\config.inc.php
- FileZilla FTP服务器：xampp\FileZillaFTP\FileZilla Server.xml
- Mercury邮件服务器基本配置：xampp\MercuryMail\MERCURY.INI
- Sendmail：xampp\sendmail\sendmail.ini

（4）XAMPP的其他常用路径

- 网站根目录的默认路径：xampp\htdocs
- MySQL数据库默认路径：xampp\mysql\data

（5）日常使用只需要使用XAMPP的控制面板即可，可以随时控制Apache、PHP、MySQL以及FTP服务的启动和终止。

（6）附XAMPP的默认密码

- MySQL

User: root　Password:（空）

- FileZilla FTP

User: newuser　Password: wampp
User: anonymous　Password: some@mail.net

- Mercury

Postmaster: postmaster (postmaster@localhost)
Administrator: Admin (admin@localhost)
TestUser: newuser　Password: wampp

- WEBDAV

User: wampp　Password: xampp

参照上文对XAMPP的安装和配置完成后，就可以安装Dreamweaver等网页程序编辑软件，进行网页编程测试了。

如果想深入了解PHP运行环境中各软件的配置与使用，可以从互联网分别下载不同的环境软件。PHP的运行环境需要两方面的支持：一个是支持PHP运行的Web服务器——Apache，而在具体安装Apache服务器之前需要在运行的系统上安装支持Apache服务器的Java 2 SDK；另一个是PHP运行时需要加载的主要软件包，该软件包主要是解释执行PHP页面的脚本程序，如解释PHP页面的函数等。

PHP开发运行环境的配置步骤如图1-18所示。

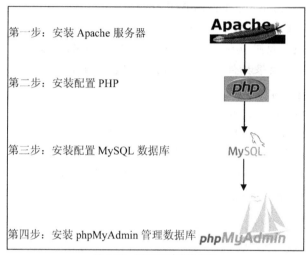

图 1-18　PHP 环境配置步骤

有关配置步骤中软件的下载和安装本书不做具体的介绍，感兴趣的读者可以自行下载安装测试使用。

1.3　PHP的开发工具

PHP是服务器端的脚本语言，需要使用第三方的语言开发工具来编写实现，目前网络上有很多免费的PHP开发工具，这些工具对于PHP程序员来说非常好用，并且有很大的帮助。这些开发工具各有千秋，既有基本的脚本编写功能，也有许多高级功能，想找到适合的却不是一件容易的事。

1.3.1　专业的PHP开发工具

这里将介绍一些比较常用的PHP开发工具，这些工具对初学者十分有用。同样，对专业PHP程序员开发特定功能所需的高端工具也会进行介绍。

（1）SublimeText开发工具

该工具文件较小但功能却很强大，下载地址为http://www.sublimetext.com/，如图1-19所示。SublimeText是非常流行的编辑器之一，具有代码高亮、语法提示、自动完成且反应速度快的特点。该编辑器软件不仅具有华丽的界面，还支持插件扩展机制，用它来写代码，绝对是一种享受。

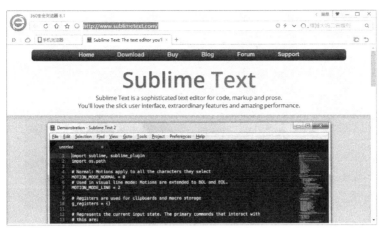

图 1-19　SublimeText 工具

（2）EditPlus开发工具

这是一款编写PHP时使用非常多的文本编辑器，使用方便，很多PHP人士都喜欢用它。下载地址为https://www.editplus.com/，如图1-20所示。EditPlus中文版是一套功能强大、可取代记事本的文字编辑器，拥有无限制的撤销与重做、英文拼写检查、自动换行、列数标记、搜寻取代、同时编辑多文件、全屏幕浏览等功能。它比较好用的一个功能就是可以监视剪贴板，能够与剪贴板同步自动将文字粘贴进EditPlus的编辑窗口中，让用户省去粘贴的步骤。另外，它也是一个非常好用的HTML编辑器，除了支持颜色标记、HTML标记外，同时还支持C、C++、Perl、Java。另外，它还内建完整的HTML & CSS1指令功能，对于习惯用记事本编辑网页的朋友，它可帮你节省一半以上的网页制作时间，若有安装IE 5.0以上版本，它还会结合IE浏览器于EditPlus窗口中，让用户可以直接预览编辑好的网页。

图 1-20　EditPlus 开发工具

（3）Notepad++开发工具

Notepad++是一款非常有特色的编辑器，是开源软件，可以免费使用，下载地址为https://notepad-plus-plus.org/，如图1-21所示。

图 1-21　Notepad++开发工具

这款编辑器的功能基本和EditPlus差不多，有的地方甚至更强大，只是使用习惯上有些不同。

● 内置支持多达27种语法高亮度显示（囊括各种常见的源代码、脚本，值得一提的是，完美支持.nfo文件查看），也支持自定义语言；

● 可自动检测文件类型，根据关键字显示节点，节点可自由折叠/打开，代码显示得非常有层次感！这是此软件比较有特色的体现之一；

● 可打开双窗口，在分窗口中又可打开多个子窗口，允许使用快捷键F11切换全屏显示模式，支持鼠标滚轮改变文档显示比例等；

● 提供多个有特色的功能，如邻行互换位置、宏功能等，虽然现在网上有很多文件编辑器，这个却是不可多得的一款，不论是日常使用还是手写编程代码，都能让你体会到它独有的优势和方便、快捷的功能。

（4）Eclipse PDT（PHP Development Tools）工具

归属于Zend Studio这个IDE集成环境，下载地址为http://downloads.zend.com/pdt/3.2.0/，官网如图1-22所示。

图 1-22　Zend 官网下载

Eclipse这个集成开发环境只要有插件就可以实现相应功能。PDT这个工具很早就开始进行开发了，Zend Studio for Eclipse就是基于这个插件的，再加上自带的调试器。也可以在Eclipse上使用这个插件，然后自己再去选择调试器来配置自己的开发环境。至于怎么配置，大家可以自己查阅网上的攻略，这里只是介绍工具，不进行详细讲解。这里介绍的所有配置包都是Zend开发的，因为是免费的，所以在使用时自然不能和Zend Studio相比。

因为是在Eclipse上安装插件自定义实现，不必为PHP开发再安装一个大型软件，所以还是有很多人喜欢用此工具的。

1.3.2　适合初学者的开发工具

对于初学者而言，刚开始学习PHP程序开发时既要考虑网页布局的问题，又要考虑后台PHP程序的执行问题，而有一款软件Dreamweaver是所见即所得，非常适合初学者学习并应用，到2017年已经出到了Dreamweaver CC 2017版，本书建议使用此软件进行PHP的学习与应用。Dreamweaver是集网页制作和网站管理于一体的网页编辑器，它同时也是针对专业网页设计人员特别设计的可视化网页开发工具，利用它可以轻而易举地制作出跨平台、跨浏览器、充满动感的网页。

Dreamweaver软件可以很方便地通过互联网直接下载安装使用，下载安装的步骤如下：

步骤01　登录 Adobe 公司的官网并先免费注册一个用户，登录的网址为http://www.adobe.com/cn/，如图1-23所示。

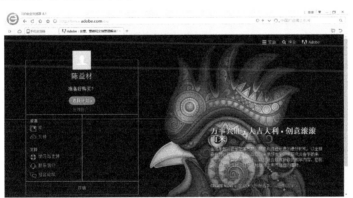

图 1-23　登录 Adobe 官网并注册用户

步骤02　单击页面右上角的"菜单"文字链接，打开Adobe公司的所有"产品"展示页面，如图1-24所示。从菜单中选择"Creative Cloud（云安装包）"，之所以选择整个云安装包是为了方便软件一键式下载和安装。

图 1-24　从菜单中选择 Creative Cloud（云安装包）

步骤03 下载的Creative Cloud(云安装包)非常小,双击以后就可以直接从云端下载Creative Cloud(云安装包)的桌面,如图1-25所示。

图 1-25　下载并安装 Creative Cloud

步骤04 安装完成后,启动Creative Cloud(云安装包),在面板中有Adobe公司的所有软件,根据需要我们直接在Dreamweaver CC(2017)中单击"试用"按钮,软件即可自行安装。一键式的下载安装非常方便,如图1-26所示。

图 1-26　安装 Dreamweaver CC(2017)试用版

　　第一次启动Dreamweaver CC 2017后,系统会弹出一个界面预置对话框。利用该界面预置对话框,用户可以更加快速地查找相关内容,更加清晰地显示上下文以及焦点,快速存取最近使用的文档和教程资源。

　　启动Dreamweaver CC 2017后的操作界面如图1-27所示。Dreamweaver CC 2017的操作界面主要由以下几个部分组成:菜单栏、标题栏、工具栏、文档窗口、标签栏、属性设置面板以及多个浮动面板。在本小节中将简单地介绍其中主要的部分,以便读者先对Dreamweaver CC 2017有个简单的了解。具体应用将在以后的章节中进行详细的介绍。

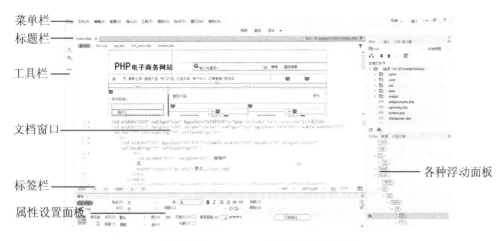

菜单栏————

标题栏————

工具栏———

文档窗口———

标签栏———

属性设置面板———

各种浮动面板

图 1-27　Dreamweaver CC 2017 的操作界面

1.4　使用Dreamweaver开发PHP的配置

Dreamweaver这套软件提供了网站开发的集成性环境，它可以支持不同服务器技术，如ASP、PHP、JSP等，建立动态支持数据库的网络应用程序，同时也能让不懂程序代码的网站设计人员或初学者在不用撰写程序代码的情况下学习动态网页的设计。

1.4.1　使用Dreamweaver建设网站步骤

在开始制作网站之前，还要了解在Dreamweaver CC 2017中的网页设计和发布流程。它可以分为以下5个主要步骤。

第一步：规划网站站点

需要了解网站建设的目的，确定网站提供的服务，针对的是什么样的访问者，以确定网页中应该出现什么内容。

第二步：建立站点的基本结构

在Dreamweaver CC 2017中可以在本地计算机上建立整个站点的框架，并在各个文件夹中合理地安置文档。Dreamweaver CC 2017可以在站点窗口中以两种方式显示站点结构，一种是目录结构，另一种是站点地图。可以使用站点地图方式快速构建和查看站点原型。一旦创建了本地站点并生成了相应的站点结构，即创建了可以进一步编辑的各种文档，在其中可以编辑文档和数据。

第三步：实现所有页面的设计

建立站点之后，进入Dreamweaver CC 2017软件中，就可以进行页面的版面规划设计，利用强大的编辑设计功能可以实现各种复杂的表格，再组织页面内容。为了保持页面的统一风格可以利用模板来快速生成文档。

第四步：充实网页内容

在创建了基本版面页面后，就要往框架里填充内容了。在文档窗口中合适的位置，可以输入文字或引用其他资源，例如图像、水平线、Flash插件和其他对象等，大多可以通过插入面板或插入菜单来完成。

第五步：发布和维护更新

在站点完成页面的编辑后，需要将本地的站点同位于Internet服务器上的远端站点关联起来，把本地设计好的网站内容传到服务器上，并注意后期随时更新和维护。

1.4.2 本地站点网站文件夹规划

在制作网站之前首先要把设计好的网站内容放置在本地计算机的硬盘上，为了方便站点的设计及上传，设计好的网页都应存储在Apache服务器的安装路径下，如本书的路径为D:\xampp\htdocs目录下，再用合理的文件夹来管理文档。在对本地站点进行规划时，应该注意以下操作规则。

1. 设计合理的文件夹

在本地站点中应该用文件夹来合理构建文档的结构。首先为站点创建一个主文件夹，然后在其中创建多个子文件夹，最后将文档分类存储到相应的文件夹下。

例如，可以在images的文件夹中放置网站页面的图片；可以在aboutus文件夹中放置用于介绍公司的网页；可以在service文件夹中放置关于公司产品方面的网页。图1-28所示为一个大型电子商务网站规划建立的文档。

图 1-28　在本地硬盘上建立的文件夹

2. 设计合理的文件名称

网站建设要生成的文件很多，所以经常要用合理的文件名称。这样操作的目的一是为了方便在网站的规模变得很大时可以进行修改和更新，二是为了方便浏览者在看了网页的文件名后就能够知道网页所要表述的内容。

在设计合理的文件名时要注意以下规则：

（1）尽量为文件命名短名称。

（2）应该避免使用中文文件名，因为很多Internet服务器使用的是英文操作系统，不能对中文文件名提供很好的支持，而且浏览网站的用户也可能使用英文操作系统，中文文件名同样可能导致浏览错误或访问失败。

（3）建议在构建的站点中，全部使用小写的文件名称。很多Internet服务器采用UNIX操作系统，它是区分文件大小写的。

注意

在PHP建立站点文件夹及文件名时一定要使用英文名称或者数字名称，不要使用中文名称来命名，否则会导致Apache服务器不能正常支持该站点。

3. 设计本地和远程站点为相同的文件结构

在本地站点中规划设计的网站文件结构要同上传到Internet服务器中被人浏览的网站文件结构相同，这样在本地站点上对相应的文件夹和文件进行的操作，都可以同远程站点上的文件夹和文件一一对应。Dreamweaver CC 2017可以将整个站点上传到Internet服务器上，保证远程站点是本地站点的完整备份，方便网站创建者浏览和修改。

1.4.3　建立流畅的浏览顺序

在网站创建时首先要考虑到网站所有页面的浏览顺序，注意主次页面之间的链接是否流畅。如果采用标准统一的网页组织形式，可以让用户轻松自如地访问每个要访问的网页，这样能提高浏览的兴趣，加大网站的访问量。建立站点的浏览顺序，要注意以下几个方面：

（1）每个页面建立首页的链接

在网站所有的页面上，都要放置返回主页的链接。如果在网页中包含返回主页的链接，就可以保证用户在不知道自己目前位置的情况下，快速返回到首页中，重新开始浏览站点中的其他内容。

（2）建立网站导航

应该在网站任何一个页面上建立网站导航，通过导航提供站点的简明目录结构，引导用户从一个页面快速进入其他的页面。

（3）突出当前页的位置

在网站页面很多的情况下，往往需要加入当前页在网站中的位置说明，或者是加入说明的主题，以帮助用户了解他们现在访问的位置。如果页面嵌套过多，则可以通过创建"前进"和"后退"之类的链接来帮助用户进行浏览。

（4）增加搜索和索引功能

对于一些带数据库的网站，还应该给用户提供搜索的功能，或是给用户提供索引检索的权利，使用户快速查找到自己需要的信息。

（5）必要的信息反馈功能

网站建设发布后，都会存在一些小问题，从用户那里及时获取他们对网站的意见和建议是非常重要的，为了及时从用户处了解到相关信息，应该在网页上提供用户同网页创作者或网站管理员的联系途径。常用的方法是建立留言板或是创建一个E-mail超级链接，帮助用户快速将信息回馈到网站中。

1.4.4 定义PHP网页测试网站

使用Dreamweaver要开发网站之前，一定要先定义网站，利用Dreamweaver CC 2017的"站点"→"管理站点"命令来进行设置。使用Dreamweaver CC 2017进行网页布局设计时，首先需要用定义站点向导定义站点。

定义第2章开始学习PHP语法网页的站点的具体操作步骤如下：

步骤01 首先在D:\xampp\htdocs路径下建立php文件夹，如图1-29所示，第1章学习所有建立的PHP程序文件都将放在该文件夹下。

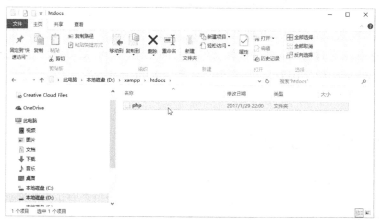

图 1-29 建立站点文件夹 php

步骤02 打开Dreamweaver CC 2017，选择菜单栏中的"站点"→"管理站点"命令，打开"管理站点"对话框，如图1-30所示。

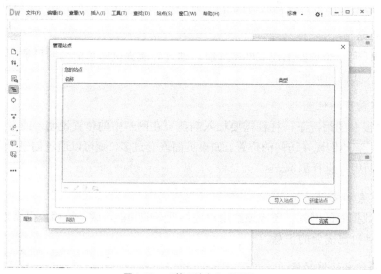

图 1-30 "管理站点"对话框

步骤03 单击右下角的"新建站点"按钮，打开"站点设置对象"对话框，进行如下参数的设置，如图1-31所示。

● "站点名称"：php。
● "本地站点文件夹"：D:\xampp\htdocs\php。

图 1-31 建立 php 站点

步骤04 单击左侧列表框中的"服务器"选项，并单击"添加服务器"按钮 ➕ ，选择"基本"选项卡，进行如图1-32所示的参数设置。

● "服务器名称"：php。
● "连接方法"：本地/网络。
● "服务器文件夹"：D:\xampp\htdocs。
● "Web URL"：http://127.0.0.1/。

图 1-32 "基本"选项卡设置

步骤05 设置后再选择"高级"选项卡，打开"高级"服务器设置对话框，选中"维护同步信息"复选框，在"服务器模型"下拉列表框中选择"PHP MySQL"选项，表示是使用PHP开发的网页，其他的保持默认值，如图1-33所示。

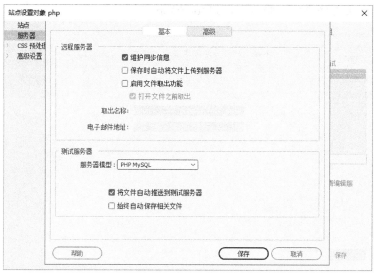

图 1-33　设置"高级"选项卡

步骤06　单击"保存"按钮，再进行"服务器"设置，选中"测试"单选按钮，如图1-34所示。

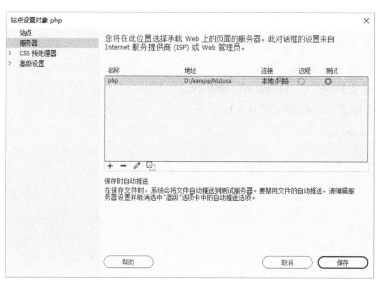

图 1-34　设置"服务器"参数

步骤07　单击"保存"按钮，完成站点的定义设置，在Dreamweaver CC 2017中就会存在刚才所设置的站点了。由于我们是在本机测试PHP网页的，因此不需要选中"远程"单选按钮。设定好"地址"与"连接"之后，单击"完成"按钮，关闭"管理站点"对话框，这样就完成了在Dreamweaver CC 2017中测试PHP网页的网站环境设置。

1.4.5　制作第一个PHP网页

使用Dreamweaver CC 2017软件可以快速地创建PHP的标准文档，创建新的PHP网页步骤如下：

步骤01 如果Dreamweaver CC 2017已经启动，要创建新文档，可以选择菜单栏上的"文件" → "新建"命令，打开"新建文档"对话框，如图1-35所示。在该对话框的左侧列表框中单击"新建文档"选项；在"文档类型"中选择一种需要的类型，这里我们选择"<?>PHP"类型，创建一个PHP标准文档；然后在"布局"中选择一种布局样式，默认情况下选择"无"；在"PHP文档"类型中选择现在标准的"HTML 5"文档类型；最后单击"创建"按钮即可创建一个新文档。

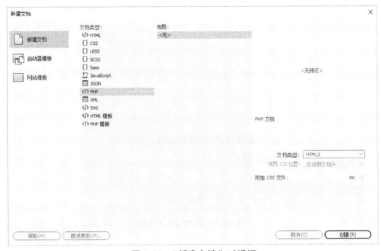

图 1-35　"新建文档"对话框

步骤02 创建新的文档后，单击"拆分"按钮，在代码文档窗口中输入PHP的显示命令如下：

```php
<?php
echo("hello,World!，你好世界！！")
?>
```

设置如图1-36所示。

图 1-36　在代码窗口输入 PHP 代码

步骤03　　保存网页文件的方法随保存文件的目的不同而不同。如果同时打开了多个 Dreamweaver CC 2017窗口，而保存的目的只是为了保存文件，则切换到要保存文档所在的窗口，然后选择菜单栏上的"文件"→"保存"命令，则会打开"另存为"对话框，如图1-37所示。如果在此以前文档从未被保存过，则会出现Windows标准的文件存储对话框。选择路径并输入文件名，单击"保存"按钮，即可存储文档。如果文档已经被保存，则会直接存储文档，不会出现Windows的文件存储对话框。

图 1-37　保存 PHP 网页

步骤04　　打开任意一款浏览器，在地址栏中输入http://127.0.0.1/php/hello.php，按回车键，即可正常显示制作的第一个PHP网页，如图1-38所示。

图 1-38　浏览 PHP 网页

　　有很多初学者第一次访问网页时并不能成功，大部分原因是因为没有启动前面安装的XAMPP集成环境，支持PHP运行的Apache服务器没有启动，PHP网页自然不能顺利被访问。

第 **2** 章

PHP 的基本语法

PHP是一种创建动态交互性站点的强有力的服务器端脚本语言,既然是脚本语言,那么在使用之前我们就要学习PHP的基本语法,只有掌握了基本语法才可以方便地进行动态网站的开发。PHP 7.0语法非常类似于Perl和C,对于有相关经验的读者可以非常轻松地掌握。本章就介绍一些PHP的基本语法,包括变量、常量、运算符、控制语句以及数组等,通过学习这些基础知识使读者能更深入地了解PHP 7.0,并能在后面的章节中轻松开发出动态网页。

本章的学习重点

● PHP 7.0基础程序结构
● PHP 7.0表单变量的使用
● PHP程序中常量、变量、表达式以及函数的基础
● 掌握MySQL数据库的操作

2.1 PHP基础程序结构

如果读者对ASP或者JSP有所了解，应该知道在编写这些网页程序时可以将HTML标记与这些动态语言代码混合到一个文件中，然后使用特殊的标识（符号"<%%>"）将两者区别开来。PHP也是如此，可以与HTML标记共存，PHP提供了多种方式来与HTML标记区别，用户可以根据自己的喜好选择一种，也可以同时使用几种。本节将介绍下PHP的基础程序结构，包括输出和注释的方法。

2.1.1 基础程序结构

PHP语句与Perl以及C一样，结构比较严谨，需要在每条语句后使用分号";"来作为结束，而且对语句中的大小写敏感。

常用的方式有如下3种：

● 方法一：PHP标准结构（推荐）

```
<?php
Echo "hello,你好，这是我的第一个PHP程序!";
?>
```

● 方法二：PHP的简短风格（需要设置php.ini）

```
<?Echo "hello,你好，这是我的第一个PHP程序!";?>
```

● 方法三：PHP的SCRIPT风格（冗长的结构）

```
<script language="php">echo"hello,你好，这是我的第一个PHP程序!"; </script>
```

上述三种方法输出的结果是一样的，在Dreamweaver里编辑的结果如图2-1所示。

图 2-1　编辑的结果

实际开发时，方法一和方法二是比较常用的方法，即使用小于号加上问号之后跟PHP代码，在程序代码的最后，使用问号及大于号作为结束。方法三有点类似于JavaScript的编写方式。

2.1.2　PHP输出结果

PHP输出所有参数可以用echo()命令，echo()不是一个函数，它是一个语言结构，因此不一定要使用小括号来指明参数，单引号、双引号都可以。echo()不像其他语言构造表现得像一个函数，所以不能总是使用一个函数的上下文。另外，如果想给echo()传递多个参数，就不能使用小括号。

注意

也可以使用print()命令来实现，但echo()函数比print()函数快一些。

举例使用PHP输出语句，包括html格式化标签，如图2-2所示。

```
D:\xampp\htdocs\php\php_echo.php                    _ □ ×
1    <!doctype html>
2 ▼  <html>
3 ▼  <head>
4    <meta charset="utf-8">
5    <title>无标题文档</title>
6    </head>
7
8 ▼  <body>
9 ▼  <?php
10   echo "<p>床前明月光，疑是地上霜。</p>"
11         ?>
12   </body>
13   </html>

          ⊘   PHP  ∨   INS   13:8        
```

图 2-2　使用 echo 输出字符

对于初学者而言一定要掌握关于单引号和双引号的区别和效率问题，也有很多开发者了解得不是很清楚，一直以为PHP中单引号和双引号是互通的，直到发现使用单引号和双引号出现错误时才去学习。所以这里单独介绍它们的区别，希望在编写程序时建立好编辑规范。二者的主要区别如下：

- ●　""双引号里面的字段会经过编译器解释，然后当作HTML代码输出。
- ●　''单引号里面的字段不进行解释，直接输出。

从字面意思上就可以看出，单引号比双引号程序运行要快，如下列示例。

```
$abc='my name is tom';
echo $abc //结果是:my name is tom
echo '$abc' //结果是:$abc
echo "$abc" //结果是:my name is tom
```

2.1.3　程序的注释

PHP中可以使用多种风格的注释方式，如下所示：

```
/* 第1种PHP注释    适合用于多行*/
// 第2种PHP注释    适合用于单行
```

第3种PHP注释　　适合用于单行

注释和C、C++、Shell的注释风格一样，以/*为开始、*/为结束，如下所示：

```
<?php
/*
注释：关于本段程序的说明
该段程序主要用于建立数据库的连接……
*/
?>
```

单行注释（有//和#这两种）：

```
<?php
echo "说明"; //输出说明二字
echo "说明"; #输出说明二字
?>
```

注意一下，注释符号只有在<?php ?>里面才会起到应有的效果。

2.2 动态输出字符

在实际的网页设计过程中，单使用echo()函数命令并不能满足实际的应用，如需要输出随机数字、控制字符串的大小写以及一些特殊的字符处理等，这些操作可以通过调用相应的函数命令加以实现。

2.2.1 PHP函数的调用

如果要实现相应的字符控制就需要调用相应的函数命令,在PHP编程中调用相应的函数还是比较简单的，如图2-3所示为使用rand()函数来产生一个随机数字（范围是0到100）。

图2-3　在"文档"窗口编辑随机函数

语法：rand(min,max)

返回值：输出在min和max之间可选的任意值，即规定随机数产生的范围在min和max之间。

```php
<?php
echo rand(0,100);
?>
```

刷新便可看到输出结果的变化，rand函数中的0和100为指定给rand函数的参数。前面的0意味着最小可能出现的数值为零，100则意味着最大可能出现的数值为100，很多函数都有必选或是可选的参数。

2.2.2　截去字符串首尾

使用trim()函数可以返回字符串string去除首尾的空白字符后的字符串。

语法：string trim(string charlist);

返回值：字符串

函数种类：资料处理

在使用来自HTML表单信息之前，一般都会对这些数据做一些整理。

```php
<?php
//清理字符串中开始和结束位置的多余空格
$name = "  12356789  ";
$name = trim($name);
echo $name;
?>
```

运行的结果可以将字符串前后的空白去除。

2.2.3　格式化输出字符

nl2br()函数可以将换行字符转换成HTML换行的
指令。

语法：string nl2br(string xhtml);

返回值：字符串

函数种类：资料处理

举例：

```php
<?php
$str = "今天的天气特别好，心情也不错
，决定去学校足球场，好好地踢一场球。";
echo $str;
echo "<br />";
echo nl2br($str);
?>
```

输出的结果如图2-4所示。

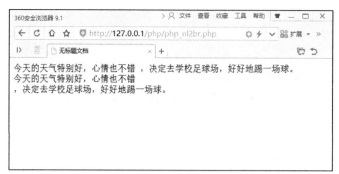

图 2-4　格式化输出字符的结果

2.2.4　打印格式化输出

PHP支持的print()结构可以在实现echo功能的同时返回值（True或False，是否成功），使用printf()可以实现更复杂的格式。

语法：int printf(string format, mixed [args]...);

返回值：整数

函数种类：资料处理

举例：

```php
<?php
$num = 12.8;
//将$num里的数值以字符串的形式输出
printf("数值为:%s",$num);
echo "<br />";
//转换成为带有2位小数的浮点数
printf("数值为:%.2f",$num);
echo "<br />";
//解释为整数并作为二进制数输出
printf("数值为:%b",$num);
echo "<br />";
//打印%符号
printf("数值为:%%%s",$num);
?>
```

输出的结果如图2-5所示。

图 2-5　打印格式化输出

2.2.5 字母大小写转换

字母的大小写转换在PHP网页转换中经常使用到，涉及的常用函数命令有：strtoupper()，可以将字符串转换成大写字母；ucwords()，可以将每个单词的第一个字母转换为大写；ucfirst()，可以将字符串的第一个字母转换成大写；strtolower()，可以将字符串转换成小写字母。

举例：

```php
<?php
$str = "I like this game!";
//将字符串转换成大写字母
echo strtoupper($str)."<br />";
//将字符串转换成小写字母
echo strtolower($str)."<br />";
//将字符串的第一个字母转换成大写
echo ucfirst($str)."<br />";
//将每个单词的第一个字母转换成大写
echo ucwords($str);
?>
```

输出的结果如图2-6所示。

图 2-6 字母转换大小写

2.2.6 处理特殊的字符

有些字符对于MySQL是有特殊意义的，比如引号、反斜杠和NULL字符，如何正确处理这些字符？可以使用addslashes()函数和stripslashes()函数。

```php
<?php
$str = " \" ' \ NULL";
echo $str."<br />";
echo addslashes($str)."<br />";
echo stripslashes($str)."<br />";
?>
```

运行的结果如图2-7所示。

图 2-7　处理特殊的字符

2.3　常量和变量

常量和变量是编程语言的最基本构成要素，代表了运算中所需要的各种值。通过变量和常量，程序才能对各种值进行访问和运算，学习变量和常量是编程的基础。常量和变量的功能就是用来存储数据的，但区别在于常量是一旦初始化就不再发生变化，可以理解为符号化的常数。本节将介绍一下PHP中的常量和变量。

2.3.1　PHP中的常量

常量是指在程序执行过程中无法修改的值。在程序中处理不需要修改的值时，常量非常有用，例如定义圆周率PI。常量一旦定义，在程序的任何地方都不可以修改，但是可以在程序的任何地方访问。

在PHP中使用define()函数定义常量，函数第1个参数表示常量名，第2个参数表示常量的值。

语法：define(name, value, case_insensitive)

该函数有三个参数：

- name：必选参数，常量名称，即标识符。
- value：必选参数，常量的值。
- case_insensitive：可选参数，如果设置为True，则大小写不敏感，默认是大小写敏感。

常量在定义后，默认是全局变量，可以在整个运行脚本的任何地方使用。

例如，下面定义一个名为HOST的常量，如图2-8所示：

```php
<?php
define("HOST","www.baidu.com");        //将值"www.baidu.com"赋予常量HOST
echo HOST;                             //输出HOST常量的值
?>
```

```
D:\xampp\htdocs\php\php_varCN.php                                    _ □ ×
 1    <!doctype html>
 2 ▼  <html>
 3 ▼  <head>
 4    <meta charset="utf-8">
 5    <title>无标题文档</title>
 6    </head>
 7
 8 ▼  <body>|
 9 ▼  <?php
10    define("HOST","www.baidu.com");        //将值"www.baidu.com"赋予常量HOST
11    echo HOST;                              //输出HOST常量的值
12    ?>
13
14    </body>
15    </html>

 body                                         ✓   PHP  ∨  INS  8:7    ▣
```

图 2-8　定义常量

注意

　　常量默认区分大小写，按照惯例，常量标识符总是大写。常量名和其他任何PHP标记遵循相同的命名规则。合法的常量名以字母或下画线开始，后面跟任何字母、数字或下画线。

　　PHP的系统常量包括5个魔术常量和大量的预定义常量。

　　魔术常量会根据它们使用的位置而改变，PHP提供的5个魔术常量分别是：

　　（1）_LINE_：表示文件中的当前行号。

　　（2）_FILE_：表示文件的完整路径和文件名。如果用在包含文件中，则返回包含文件名。自PHP 4.0.2起，_FILE_总是包含一个绝对路径，而在此之前的版本有时会包含一个相对路径。

　　（3）_FUNCTION_：表示函数名称（PHP 4.3.0新加）。自PHP 5起，该常量返回函数被定义时的名字（区分大小写）。在PHP 4中该值总是小写字母。

　　（4）_CLASS_：表示类的名称（PHP 4.3.0新加）。自PHP 5起，该常量返回类被定义时的名字（区分大小写）。在PHP 4中该值总是小写字母。

　　（5）_METHOD_：表示类的方法名（PHP 5.0.0新加），返回方法被定义时的名字（区分大小写）。

　　预定义常量分为内核预定义常量和标准预定义常量两种，内核预定义常量在PHP的内核、Zend引擎和SAPI模块中定义，而标准预定义常量是PHP默认定义的，比如常用的E_ERROR、E_NOTICE、E_ALL等。

2.3.2　PHP中的变量

　　变量是指在程序的运行过程中随时可以发生变化的量，在代码中可以只使用一个变量，也可以使用多个变量，变量中可以存放单词、数值、日期以及属性等。变量的值是临时的，当程序运行时，该值是存在的；如果程序结束，变量的值就会清空。虽然在前面的示例中也使用到了变量，但是没有详细的说明，本小节将详细介绍如何创建变量，以及如何引用变量。在PHP中，创建一个变量首先需要定义变量的名称。变量名区分大小写，总是以$符号开头，然后是变量名。如果在声明变量时，忘记变量前面的$符号，那么该变量将无效。在PHP中设置变量的正确方法如下：

```
$var_name = value;
```

1．定义变量

在PHP中，给变量赋值有两种方式，分别为值赋值和引用赋值。值赋值是直接把一个数值通过赋值表达式赋值给变量，会把该变量原来的数值覆盖。如果在声明变量时，没有赋值，其行为就形同NULL。在声明变量时，赋值是一种常用的变量的赋值方法，示例如下：

```
<?php
$name = "baidu";                  //有效变量
$Name = "website";                //有效变量
echo "$name, $Name";              //输出为"baidu, website"
$1website = "www.baidu.com";      //无效变量，以数字开始
$_1website = "www.baidu.com";     //有效变量
?>
```

从上述代码中可以看到，在PHP中不需要在设置变量之前声明该变量的类型，而是根据变量被设置的方式，PHP会自动把变量转换为正确的数据类型。

在PHP中，标识符的命名必须符合下面的规定：

（1）标识符可以由一个或多个字符组成，但必须以字母或下画线开头。此外，标识符只能由字母、数字、下画线、字符和从127到255的其他ASCII字符组成。如my_a、Ss、_value这些标识符名称都是合法的，而q^a、4tt这些标识符的名称是不合法的。

（2）标识符区分大小写。因此，$recipe不同于$Recipe、$rEciPe或$recipE。

（3）标识符可以是任意长度。这很有好处，因为这样一来，程序员就能通过标识符名称准确地描述标识符的用途。

（4）标识符名称不能与任何PHP预定义关键字相同。

在PHP中，变量的命名规则有如下几点：

● 变量名必须以字母或下画线"_"开头。

● 变量名只能包含字母、数字、字符以及下画线。

● 变量名不能包含空格。如果变量名由多个单词组成，那么应该使用下画线进行分隔（例如$my_string），或者以大写字母开头（例如$myString）。

在PHP中，还支持另一种赋值方式，称为变量的引用赋值，如下面的示例：

```
<?php
$wo = 'baidu';                  //为变量$wo赋值
$ba = &$wo;                     //取变量 $ba引用了变量$wo的值
$ba = "Web site is $ba";        //修改变量$ba的值
echo $wo;                       //结果为"Web site is baidu"
echo $ba;                       //变量$ba的值也被修改，结果与$wo相同
?>
```

从这里可以看出，对一个变量值的修改将会导致对另外一个变量值的改变。从本质上讲，变量的引用赋值导致两个变量指向同一个内存地址。因此，不论对哪一个变量进行修改，修改的是同

一个内存地址中的数据，从而出现同时被修改的结果。

PHP提供了大量的预定义变量，这些变量在任何范围内自动生效，因此通常也被称为自动全局变量（autoglobals）或者超全局变量（superglobals），而且PHP中没有用户自定义超全局变量的机制。在PHP 4.1.0之前，使用超全局变量时，人们要么依赖register_globals，要么使用冗长的预定义PHP数组（$HTTP_*_VARS）。自PHP 5.0.0起，长格式的PHP预定义变量可以通过设置register_long_arrays来屏蔽。

常用的超全局变量如下：

- $GLOBALS：包含一个引用指向每个当前脚本的全局范围内有效的变量，该数组的键名为全局变量的名称。从PHP 3开始存在$GLOBALS数组。
- $_SERVER：变量由Web服务器设定或者直接与当前脚本的执行环境相关联，类似于旧数组$HTTP_SERVER_VARS（依然有效，但反对使用）。
- $_GET：经由URL请求提交至脚本的变量，类似于旧数组$HTTP_GET_VARS（依然有效，但反对使用）。
- $_POST：经由HTTP POST方法提交至脚本的变量，类似于旧数组$HTTP_POST_VARS（依然有效，但反对使用）。
- $_COOKIE：经由HTTP Cookies方法提交至脚本的变量，类似于旧数组$HTTP_COOKIE_VARS（依然有效，但反对使用）。
- $_FILES：经由HTTP POST文件上传而提交至脚本的变量，类似于旧数组$HTTP_POST_FILES（依然有效，但反对使用）。
- $_ENV：执行环境提交至脚本的变量，类似于旧数组$HTTP_ENV_VARS（依然有效，但反对使用）。
- $_REQUEST：经由GET、POST和COOKIE机制提交至脚本的变量，因此该数组并不值得信任。所有包含在该数组中的变量的存在与否以及变量的顺序均按照php.ini中的variables_order配置指示来定义。此数组在PHP 4.1.0之前没有直接对应的版本。
- $_SESSION：当前注册给脚本会话的变量，类似于旧数组$HTTP_SESSION_VARS（依然有效，但反对使用）。

2．变量作用域

声明变量的位置决定了变量的作用域，变量的作用域决定了程序的哪些部分可以访问该变量、哪些部分不可以访问该变量。在PHP中，变量的作用域范围可以分为4类：局部变量、函数参数、全局变量和静态变量。这里介绍一下变量的这几种作用域范围。

（1）局部变量

在一个函数中声明一个变量是某个函数的局部变量，也就是说该变量只能被该函数内部成员访问，函数外部成员不能访问该变量，并且不可见。默认情况下，函数内部成员不能访问在函数外定义的变量（平常所说的全局变量）。有时局部变量很有用，因为局部变量能够消除出现移位副作用的可能性，否则这些副作用将导致可全局访问的变量被有意或无意地修改。下面创建一个使用局部变量的示例。

```php
<?php
    $count =10;
    function AddCount()
    {
            $count = 100;
            $count = $count + $count;
            echo $count;
            echo "<br/>";
    }
    AddCount();
    echo $count;
?>;
```

执行结果如下所示：

```
200
10
```

从输出结果可知，该段代码输出了两个不同的值，这是因为AddCount()函数中的变量为局部变量，修改局部变量的值不会影响函数外部的任何值，函数中的变量在程序结束时被抛弃，所以全局变量值还是10。

（2）函数参数

在PHP中，函数可以接受相应的参数，虽然这些参数是接受函数外部的值，但退出函数后就无法访问这些参数，在函数执行结束后，参数的值就会消失，和函数的执行有很大的关系。函数参数是在函数后面的括号内声明，运用函数参数的示例如下：

```php
<?php
    function EchoNum($age,$class)
    {
        echo "年龄是: ".$age."<br/>";
        echo "班级是: ".$class;
    }
    EchoNum(21,"计算机技术与科学系17级2班");
?>
```

执行该段代码，执行结果如下所示：

```
年龄是: 21
班级是: 计算机技术与科学系17级2班
```

函数参数也可以称为局部变量，意味着这些参数只在函数内部起作用，在函数的外部不能访问这些变量，同样当函数执行结束时，变量也会撤销。

（3）全局变量

全局变量可以在整个PHP程序中的任何地方访问，但是如果要修改一个全局变量，就必须在修改该变量的函数中显式地声明为全局变量，在函数中显式声明全局变量很简单，只需在函数中使用global关键字声明就可以，下面创建一个使用全局变量的示例：

```php
<?php
    function AddNum()
    {
```

```
        global $num;
        $num = $num + $num ;
        echo $num ;
    }
    $num = 100;
    AddNum();
?>
```

执行结果如下所示：

```
200
```

如果不在$num前加global，该变量会被认为是局部变量，此时页面上显示的值为0；添加global后，就可以修改全局变量了。声明全局变量还有另外一种方法，那就是使用PHP的$GLOBALS数组，使用该数组和使用global关键字的效果一样，下面创建一个使用$GLOBALS数组的示例：

```
<?php
    function AddNum()
    {
        $GLOBALS['num'] =$GLOBALS['num']+$GLOBALS['num']  ;
        echo "值是: ".$GLOBALS['num'] ;
    }
    $num = 100;
    AddNum();
?>
```

执行结果如下所示：

```
值是: 200
```

在使用全局变量时，一定要注意，因为使用全局变量很容易发生意外。

（4）静态变量

静态变量在两次调用函数之间其值不变，仅在局部函数域中声明。用关键字static可以声明一个静态变量。静态变量在函数退出时，不会丢失值，并且再次调用此函数时，还能保留值。创建一个使用静态变量的示例：

```
<?php
    function keepNum()
    {
        static $num =0;
        $num ++;
        echo "静态变量的值是: ".$num;
        echo "<br/>";
    }
    $num = 10;
    echo "变量num的值是: ".$num."<br/>";
    keepNum();
    keepNum();
?>
```

执行结果如下所示：

```
变量num的值是: 10
```

```
静态变量的值是：1
静态变量的值是：2
```

由于在函数中指明了变量为静态变量，因此在执行函数时保留了前面的值。

2.3.3　PHP数据类型

数据是程序运行的基础，所有的程序都是在处理各种数据。例如，财务统计系统所要处理的员工工资额，论坛程序所要处理的用户名、密码、用户发帖数等，所有这些都是数据。在编程语言中，为了方便对数据的处理以及节省有限的内容资源，需要对数据进行分类。PHP支持7种原始类型，分别是：

- boolean：布尔型True/False。
- integer：整数类型。
- float：浮点型，也称为double，可用来表示实数。
- string：字符串类型。
- array：数组，用来保存同类型的多条数据。
- object：对象。
- 特殊类型：resource资源和NULL未设定。

下面介绍这几种常用的数据类型。

1. 布尔型（boolean）

布尔型是最简单的数据类型，有两个值，即True和False。要指定一个布尔值，使用关键字True或False，并且True或False不区分大小写。例如：

```
$pay = true;  // 给变量$pay赋值为true
```

某些运算通常返回布尔值，并将其传递给控制流程。比如用比较运算符（==）来比较两个操作数，如果相等，则返回True，否则返回False，代码如下：

```
if ($A == $B) {
echo "$A与$B相等";
}
```

对于如下的代码：

```
if ($pay == TRUE) {
echo "已付";
}
```

可以使用下面的代码代替：

```
if ($pay) {
echo " 已付 ";
}
```

转换成布尔型可以用bool或者boolean来强制转换，但是很多情况下不需要用强制转换，因为当运算符、函数或者流程控制需要一个布尔参数时，该值会被自动转换。

当转换为布尔型时，以下值被认为是False：

● 布尔值False。
● 整型值0（零）。
● 浮点型值0.0（零）。
● 空白字符串和字符串 "0"。
● 没有成员变量的数组。
● 没有单元的对象（仅适用于PHP 4）。
● 特殊类型NULL（包括尚未设定的变量）。

所有其他值都被认为是True（包括任何资源）。

2. 整型（integer）

一个整数是集合Z = {···, -2, -1, 0, 1, 2, ···} 中的一个数。整型值可以用十进制、十六进制或八进制表示，前面可以加上可选的符号（-或者+）。如果用八进制，数字前必须加上0（零）；用十六进制，数字前必须加上0x。整型数的字长和平台有关，通常最大值大约是20亿（32位有符号）。PHP不支持无符号整数。如果给定的一个数超出了整型的范围，将会被解释为浮点型，同样如果执行的运算结果超出了整型范围，也会返回浮点型。

要将一个值转换为整型，用int或integer强制转换。不过大多数情况下都不需要强制转换，因为当运算符、函数或流程控制需要一个整型参数时，值会自动转换。还可以通过函数intval()来将一个值转换成整型。

从布尔型转换成整型，False会转换为0，True将会转换为1。当从浮点数转换成整数时，数字将被取整（丢弃小数位）。如果浮点数超出了整数范围，则结果不确定，因为没有足够的精度使浮点数给出一个确切的整数结果。

3. 浮点型（float）

浮点数也叫双精度数或实数，可以用以下任何语法定义：

```php
<?php
  $a = 1.234;
  $b = 1.2e3;
  $c = 7E-10;
?>
```

浮点数的字长和平台相关，通常最大值是1.8e+308，并具有14位十进制数字的精度。

4. 字符串（string）

字符串是由引号括起来的一些字符，常用来表示文件名、显示消息、输入提示符等。字符串是一系列字符，字符串的长度没有限制。字符串可以用单引号、双引号或定界符3种方法定义，下面分别介绍这3种方法。

（1）单引号
指定一个简单字符串的最简单的方法是用单引号（'）括起来。例如：

```php
<?php
```

```
echo 'Hello World '; // 输出为：Hello World
?>
```

如果字符串中有单引号，要表示这样一个单引号，和其他很多语言一样，需要用反斜线（\）转义。例如：

```
<?php
echo 'I\'m Tom'; // 输出为：I'm Tom
?>
```

如果在单引号之前或字符串结尾需要出现一个反斜线（\），需要用两个反斜线（\\）表示。例如：

```
<?php
echo 'Path is c:\windows\system\\'; // 输出为：Path is c:\windows\system\
?>
```

对于单引号（'）括起字符串，PHP只懂得单引号和反斜线的转义序列。如果试图转义任何其他字符，反斜线本身也会被显示出来。另外，还有不同于双引号和定界符的很重要的一点就是，单引号字符串中出现的变量不会被解析。

（2）双引号

如果用双引号（"）括起字符串，PHP懂得更多特殊字符的转义序列（见表2-1）。

表2-1 转义字符

序列	含义
\n	换行
\r	回车
\t	水平制表符
\\	反斜杠字符
\$	美元符号
\"	双引号
\0nnn	此正则表达式序列匹配一个用八进制表示的字符
\xnn	此正则表达式序列匹配一个用十六进制表示的字符

如果试图转义任何其他字符，反斜线本身也会被显示出来。双引号字符串最重要的一点是能够解析其中的变量。

（3）定界符

另一种给字符串定界的方法是使用定界符语法（<<<）。应该在<<<之后提供一个标识符，接着是字符串，然后是同样的标识符结束字符串。例如：

```
<?php
// 输出为：Hello World
echo <<<abc
Hello World
abc;
?>
```

在此段代码中，标识符命名为abc。结束标识符必须从行的第一列开始。标识符所遵循的命名规则是：只能包含字母、数字、下画线，而且必须以下画线或非数字字符开始。

定界符文本表现的就和双引号字符串一样，只是没有双引号。这意味着在定界符文本中不需要转义引号，不过仍然可以用以上列出的转义代码，变量也会被解析。在以上3种定义字符串的方法中，若使用双引号或者定界符定义字符串，其中的变量会被解析。

5. 数组（array）

PHP 中的数组实际上是一个有序图，图是一种把value映射到key的类型。新建一个数组使用array()语法结构，它接受一定数量用逗号分隔的key => value参数对。

语法如下：

```
array( [ key => ] value , ... )
```

其中，键key可以是整型或者字符串，值value可以是任何类型，如果值又是一个数组，则可以形成多维数组的数据结构。例如：

```php
<?php
 $edName = array(0 =>"id", 1=>"username", 2=>"password");
 echo "列名是$edName[0], $edName[1], $edName[2]";
?>
```

此段代码的输出为：列名是id、username、password。

如果省略了键key，会自动产生从0开始的整数索引。上面的代码可以改写为：

```php
<?php
 $edName = array("id", "username", "password");
 echo "列名是$edName[0], $edName[1], $edName[2]";
?>
```

此段代码的输出仍为：列名是id、username、password。

如果key是整数，则下一个产生的key将是目前最大的整数索引加1。如果指定的键已经有了值，则新值会覆盖旧值。再次改写上面的代码为：

```php
<?php
 $edName = array(1=>"id", "username", "password");
 echo "列名是$edName[1], $edName[2], $edName[3]";
?>
```

此段代码的输出仍为：列名是id、username、password。

定义数组的另一种方法是使用方括号的语法，通过在方括号内指定键为数组赋值来实现，也可以省略键，在这种情况下给变量名加上一对空的方括号（[]）。

语法如下：

```
$arrayName[key] = value;
$arrayName [] = value;
```

其中，键key可以是整型或者字符串，值value可以是任何类型。例如：

```php
<?php
 $edName[0]= "id";
```

```
$edName[1]= "username";
$edName[2]= "password";
echo "列名是$edName[0], $edName[1], $edName[2]";
?>
```

此段代码的输出仍为：列名是id、username、password。

如果给出方括号但没有指定键，则取当前最大整数索引值，新的键将是该值加1。如果当前还没有整数索引，则键将为0。如果指定的键已经有值了，该值将被覆盖。

对于任何的类型——布尔、整型、浮点、字符串和资源等，如果将一个值转换为数组，将得到一个仅有一个元素的数组（其下标为0），该元素即为此标量的值。如果将一个对象转换成一个数组，所得到的数组的元素为该对象的属性（成员变量），其键为成员变量名。如果将一个NULL值转换成数组，将得到一个空数组。

6. 对象（object）

使用class定义一个类，然后使用new类名（构造函数参数）来初始化类的对象。该数据类型将在后面的实例具体应用中进行解析。

7. 其他数据类型

除了以上介绍的6种数据类型，还有资源和NULL两种特殊类型，下面简单介绍一下资源和NULL两种特殊数据类型。

（1）资源

资源是通过专门函数来建立和使用的一个特殊变量，保存了外部资源的一个引用。可以保存打开文件、数据库连接、图形画布区域等的特殊句柄，无法将其他类型的值转换为资源。资源大部分可以被系统自动回收。

（2）NULL

NULL类型只有一个值，就是区分大小写的关键字NULL。特殊的NULL值表示一个变量没有值。

例如：

```
<?php
$php = " ";
if(isset($a))
echo "[1] is NULL<br>";
$php = 0;
if(isset($a))
echo "[2] is NULL<br>";
$php = NUll;
if(isset($a))
echo "[3] is NULL<br>";
$php = FALSE;
if(isset($a))
echo "[4] is NULL<br>";
?>
```

结果是什么？

在以下三种情况下变量被认为是空值：

- 变量没有被赋值；
- 变量被赋值为NULL、0、False或者空字符串；
- 变量在非空值的情况下，被unset函数释放。

2.3.4　数据类型转换

在PHP中若要进行数据类型的转换，就要在转换的变量之前加上用括号括起来的目标类型。在变量定义中不需要显式的类型定义，变量类型是由使用该变量的上下文所决定的。

例如通过类型的转换，可将变量或其所附带的值转换成另外一种类型：

```php
<?php
$num = 123;                    //当前是整数类型
$float = (float)$num;          //$num"临时性"地转换成了浮点型,$float变量所携带的
                              //  数据类型就为浮点型
echo gettype($num)."<br />";  //使用gettype(mixed var)函数来获取变量类型
echo gettype($float)
?>
```

在文档窗口中的编辑如图2-9所示。

```
D:\xampp\htdocs\php\php_gettype.php                        _ □ ✕
 3 ▼ <head>
 4   <meta charset="utf-8">
 5   <title>无标题文档</title>
 6   </head>
 7
 8 ▼ <body>
 9
10 ▼ <?php
11   $num = 123; //当前是整数类型
12    $float = (float)$num; //$num"临时性"地转换成了浮点型,$float变量所携带的数据类
         型就为浮
13   echo gettype($num)."<br />";//使用gettype(mixed var)函数来获取变量类型
14   echo gettype($float)
15   ?>
16
17   </body>
18   </html>
body                                          PHP  ▼   INS  15:4      ▣
```

图 2-9　数据类型的转换

运行的结果是：

```
Integer
Double
```

要将一变量彻底转换成另一种类型，得使用settype(mixed var,string type)函数。

允许的强制转换有：

- int、integer: 转换成整型。
- bool、boolean: 转换成布尔型。
- float、double、real: 转换成浮点型。
- string: 转换成字符串。
- array: 转换成数组。
- object: 转换成对象。

2.4 PHP中的运算符

对于学过其他语言的读者，运算符应该不会陌生，运算符可以用来处理数字、字符串及其他的比较运算和逻辑运算等。在PHP中，运算符两侧的操作数会自动地进行类型转换，这在其他的编程语言中并不多见。在PHP的编程中主要有三种类型的运算符，它们分别是：

- 一元运算符: 只运算一个值，例如!（取反运算符）或++（加一运算符）。
- 二元运算符: PHP支持的大多数运算符都是这种，例如$a + $b。
- 三元运算符: 即?，它用来判断一个表达式是否成立，然后在另外两个表达式中选择一个，而不是用来在两个语句或者程序路线中选择。

PHP中常用的运算符有算术运算符、赋值运算符、比较运算符、三元运算符、错误控制运算符、逻辑运算符、字符串运算符、数组运算符等。本节主要介绍常用的运算符，以及运算符的优先级。

2.4.1 算术运算符

算术运算符是用来处理四则运算的符号，是最简单也是最常用的符号，尤其是对数字的处理，几乎都会使用到算术运算符号。PHP的算术运算符如表2-2所示。

表2-2 算术运算符

符号	示例	名　称	意义
-	-$a	取反	$a 的负值
+	$a + $b	加法	$a 和 $b 的和
-	$a - $b	减法	$a 和 $b 的差
*	$a * $b	乘法	$a 和 $b 的积
/	$a / $b	除法	$a 除以 $b 的商
%	$a % $b	余数	$a 除以 $b 的余数
++	$a ++	累加	$a 的累加
--	$a --	递减	$a 的递减

注意

除号（/）总是返回浮点数，即使两个操作数是整数（或由字符串转换成的整数）也是这样。

2.4.2　赋值运算符

赋值运算符（Assignment Operator）把表达式右边的值赋给左边的变量或常量。基本的赋值运算符是=，意味着把右边表达式的值赋给左边的操作数。PHP中的赋值运算符如表2-3所示。

表2-3　赋值运算符

符号	例子	意义
=	$a = $b	将右边的值赋值给左边
+=	$a += $b	将左边的值加上右边的值赋值给左边，即$a = $a + $b
-=	$a -= $b	将左边的值减去右边的值赋值给左边，即$a = $a - $b
*=	$a *= $b	将左边的值乘以右边的值赋值给左边，即$a = $a * $b
/=	$a /=$b	将左边的值除以右边的值赋值给左边，即$a = $a / $b
%=	$a % $b	将左边的值对右边的值取余数赋值给左边，即$a = $a % $b
.=	$a .= $b	将右边的字符串加到左边，即$a = $a . $b

除基本赋值运算符之外，还有适合于所有二元算术和字符串运算符的"组和运算符"，这样可以在一个表达式中使用它的值并把表达式的结果赋给它，例如：

```php
<?php
$a ="baidu";
$b =".com";
echo $a .= $b;
?>
```

运行结果：

```
baidu.com
```

2.4.3　比较运算符

比较运算符（Comparison Operator），顾名思义就是可用来比较的操作符号，根据结果来返回True或False。比较运算符，允许对两个值进行比较，PHP的比较运算符如表2-4所示。

表2-4　比较运算符

例子	名称	意义
$a == $b	等于	True，如果 $a 等于 $b
$a === $b	全等	True，如果 $a 等于 $b，并且它们的类型也相同

（续表）

例子	名称	意义
$a != $b	不恒等	True，如果 $a 不恒等于 $b
$a <> $b	不等	True，如果 $a 不等于 $b
$a !== $b	非全等	True，如果 $a 不等于 $b，或者它们的类型不同（PHP 4 引进）
$a < $b	小于	True，如果 $a 严格小于 $b
$a > $b	大于	True，如果 $a 严格大于 $b
$a <= $b	小于等于	True，如果 $a 小于或者等于 $b
$a >= $b	大于等于	True，如果 $a 大于或者等于 $b

2.4.4　三元运算符

三元运算符是?:，三元运算符的功能和if...else语句很相似，语法如下：

```
(expr1) ? (expr2) : (expr3)
```

首先对expr1求值，若结果为True，则表达式(expr1) ? (expr2)：(expr3)的值为expr2，否则其值为expr3。例如：

```php
<?php
$action = (empty($_POST['action'])) ? 'default' : $_POST['action'];
?>
```

首先判断 $_POST['action'] 变量是否为空值，若是则将 $action 赋值为 default，否则将 $_POST['action']变量的值赋值给$action。可以将上面的代码改写成以下代码：

```php
<?php
if (empty($_POST['action'])) {
  $action = 'default';
} else {
  $action = $_POST['action'];
}
?>
```

2.4.5　错误抑制运算符

抑制运算符(@)可在任何表达式前使用，PHP支持一个错误抑制运算符@。当将其放置在一个PHP表达式之前，该表达式可能产生的任何错误信息都被忽略掉。@运算符只对表达式有效。

那么，何时使用此运算符呢？一个简单的规则就是，如果能从某处得到值，就能在它前面加上@运算符。例如，可以把它放在变量、函数和include()中调用，放在常量等之前。不能把它放在函数或类的定义之前，也不能用于条件结构，如if和foreach等。

对于以下的代码：

```php
<?php
$Conn= mysqli_connect ("localhost","username","pwd");
```

```
if ( $Conn)
  echo "连接成功！";
else
  echo "连接失败！";
?>
```

如果mysqli_connect()连接失败，将显示系统的错误提示，而后继续执行下面的程序。如果不想显示系统的错误提示，并希望失败后立即结束程序，则可以改写上面的代码，如下所示：

```
<?php
$Conn = @mysqli_connect ("localhost","username","pwd") or die ("连接数据库服务器出错");
?>
```

在mysql_connect()函数前加上@运算符来屏蔽系统的错误提示，同时使用die()函数给出自定义的错误提示，然后立即退出程序。这种用法在大型程序中很常见。

2.4.6　逻辑运算符

PHP的逻辑运算符（Logical Operators）通常用来测试真假值，常用的逻辑运算符如表2-5所示。

表2-5　逻辑运算符

符号	例子	意义
and	$a and $b	$a与$b都为True
or	$a or $b	$a或$b任一为True
xor	$a xor $b	$a或$b任一为True，但不同时是
not	! $a	$a不为True
&&	$a && $b	$a与$b都为True
||	$a || $b	$a或$b任一为True

"与"和"或"有两种不同形式的运算符，它们运算的优先级不同，&&和||优先级高。

2.4.7　字符串运算符

字符串运算符（String Operator）有两个字符串运算符。第一个是连接运算符（.），它返回其左右参数连接后的字符串。第二个是连接赋值运算符（.=），它将右边参数附加到左边的参数后。

例如：

```
<?php
$a = "你好";
$a = $a . "朋友！"; //此时 $a是 "你好朋友！"
$b = "你好 ";
$b .= "朋友！";      //此时 $b 是 "你好朋友！"
?>
```

2.4.8　数组运算符

PHP的数组运算符，如表2-6所示。

表2-6　数组运算符

符号	例子	意义
+	$a + $b	$a和$b的联合，返回包含了$a和$b中所有元素的数组
==	$a == $b	如果$a和$b具有相同的元素就返回True
===	$a === $b	两者具有相同元素且顺序相同返回True
!=	$a != $b	如果$a和$b不是等价的就返回True
<>	$a <> $b	如果$a不等于$b则返回True
!==	$a !== $b	如果$a和$b不是恒等的就返回True

联合运算符（+）把右边的数组附加到左边的数组后面，但是重复的键值不会被覆盖。下面通过一个实例来看一下如何用联合运算符（+）联合两个数组：

```php
<?php
$a = array("1"=>"No1",
"2"=>"No2",
"3"=>"No3",
"4"=>"No4");

$b = array("3"=>"No3",
"4"=>"No4",
"5"=>"No5",
"6"=>"No6");
$c = $a+$b;
print_r($c); //联合两数组
echo "<br />";
if($a==$b)
echo "等价";
else
echo "不等价";
?>
```

可以看到，在联合之后的数组结果如图2-10所示。

图 2-10　联合数组示例

2.4.9　运算符的优先级

运算符优先级指定了两个表达式绑定得有多“紧密”。例如，表达式1 + 2 * 3的结果是7而不是9，是因为乘号（*）的优先级比加号（+）高。必要时可以用括号来强制改变优先级，例如(1 + 2)* 3的值为9，使用括号也可以增加代码的可读性。如果运算符优先级相同，则使用从左到右的左结合顺序（左结合表示表达式从左向右求值，右结合相反）。

表2-7从高到低列出了PHP所有运算符的优先级。同一行中的运算符具有相同优先级，此时它们的结合方向决定求值顺序。

表2-7　运算符优先级

结合方向	运 算 符	附加信息
非结合	new	new
左	[	array()
非结合	++ --	递增 / 递减运算符
非结合	! ~ - (int) (float) (string) (array) (object) @	类型
左	* / %	算数运算符
左	+ - .	算数运算符和字符串运算符
左	<< >>	位运算符
非结合	< <= > >=	比较运算符
非结合	== != === !==	比较运算符
左	&	位运算符和引用
左	^	位运算符
左	|	位运算符
左	&&	逻辑运算符
左	||	逻辑运算符
左	? :	三元运算符
右	= += -= *= /= .= %= &= |= ^= <<= >>=	赋值运算符
左	and	逻辑运算符
左	xor	逻辑运算符
左	or	逻辑运算符
左	,	多处用到

将结合前面所用到的运算符号来完成一项需要综合使用它们的任务：

```php
<?php
//定义几个常量，最好是使用大写
define("PEN", 20); //钢笔为20元
define("RULE",10); //尺子为10元
$pen_num = 10;        //10只钢笔
```

```
$ruler_num =20;        //20把尺子

$total_price = $pen_num * PEN
+ $ruler_num * RULE;

$total_price = number_format($total_price);

echo "购买10只钢笔和20把尺子一共要花".$total_price."元";
?>
```

输出的结果如图2-11所示。

图 2-11   运算符的综合应用

2.5   表单变量的使用

在HTML中，表单拥有一个特殊功能：它们支持交互作用。除了表单之外，几乎所有的HTML元素都与设计以及展示有关，只要愿意就可将内容传送给用户；另一方面，表单为用户提供了将信息传送回Web站点创建者和管理者的可能性。如果没有表单，Web就是一个静态的网页图片。对于PHP的动态网页开发，使用表单变量对象也是经常遇到的，通常主要有post()和get()两种方法，这和其他动态语言开发的命令是一样的，本节就介绍表单变量的使用方法。

2.5.1   POST表单变量

用于设置处理表单数据的类型，POST是系统的默认值，表示将数据表单的数据提交到"动作"属性设置的文件中进行处理。假设有一HTML表单用method="post"的方式传递给本页一个name="test"的文字信息，可用三种风格来显示这个表单变量：

```php
<?php
Echo $test;                          //简短格式，需配置php.ini中的默认设置
echo $_POST["test"];                 //中等格式，推荐使用这种方式
echo $HTTP_POST_VARS["test"];        //冗长格式
?>
```

在body之间输入：

```html
<form method="post" action="">
<input type="text" size="20" name="test"/>
<input type="submit" value="提交变量"/>
```

```
</form>
<?php
echo $_POST['test'];
?>
```

在文档窗口中编辑，如图2-12所示。

图 2-12　POST 表单测试

GET和POST的主要区别是：

● 　数据传递的方式以及大小；

● 　GET会将传递的数据显示在URL地址上，POST则不会；

● 　GET传递数据有限制，一般大量数据都得使用POST方法。

2.5.2　GET表单变量

GET表示追加表单的值到URL并且发送服务器请求，对于数据量比较大的长表单最好不要用这种数据处理方式。

假设有一HTML表单用method="get"的方式传递给本页一个name="test"的文字信息，可用三种风格来显示这个表单变量：

```php
<?php
Echo $test;                   //简短格式，需要配置php.ini中的默认设置
echo $_GET["test"];           //中等格式，推荐使用此方法
echo $HTTP_GET_VARS["test"];  //冗长格式
?>
```

制作form.html网页并输入如下的代码：

```html
<html>
<head>
<meta charset="utf-8">
<title>表单传递</title>
</head>
```

```
<body>
<form action="welcome.php" method="get">
用户: <input type="text" name="name">
年龄: <input type="text" name="age">
<input type="submit" value="登录">
</form>
</body>
</html>
```

再制作一个welcome.php代码页面，输入的代码如下：

```
<!doctype html>
<html>
<head>
<meta charset="utf-8">
<title>无标题文档</title>
</head>
<body>
欢迎 <?php echo $_GET["name"]; ?>登录! <br>
年龄是 <?php echo $_GET["age"]; ?>岁。
</body>
</html>
```

输出的结果如图2-13所示。

图 2-13　GET 表单测试

如图2-13所示的结果，在浏览器地址栏里显示了表单变量传递的值，所以在发送密码或其他敏感信息时，不应该使用这个方法。但是，正因为变量显示在URL中，因此可以在收藏夹中收藏该页面。在某些情况下，这是很有用的。HTTP GET方法不适合大型的变量值，它的值不能超过2000 个字符。

2.5.3　字符串的连接

在PHP程序里要让多个字符串进行连接，要用到一个（.）"点"号，如下列代码所示：

```
<?php
$website = "baidu";
echo $website.".com";
?>
```

上面的输出结果就是baidu.com。

有一种情况，当echo后面使用的是双引号（"）时可以达到和上述代码同样的效果：

```php
<?php
$website = "baidu";
echo "$website.com";//双引号里的变量可以正常显示出来，并和一般的字符串自动区分开来
?>
```

如果是单引号，就会将里面的内容完全以字符串形式输出给浏览器：

```php
<?php
$website = "baidu.com";
echo '$website.com';
?>
```

将显示$website.com。

2.5.4　表单的验证

在PHP表单提交时需要对用户输入进行验证,验证的方法是通过客户端脚本直接进行验证后再提交到服务器，这样操作会让浏览器验证速度更快，并且可以减轻服务器的负载。如果用户输入需要插入数据库，应该考虑使用服务器验证。在服务器验证表单的一种好的方式就是把表单传给它自己，而不是跳转到不同的页面。这样用户就可以在同一张表单页面得到错误信息，用户也就更容易发现错误了。

下面列举一个简单的表单验证实现方法的示例：

```php
<!DOCTYPE HTML>
<html>
<head>
<meta charset="utf-8">
<title>表单验证</title>
<style>
.error {color: #FF0000;}
</style>
</head>
<body>
<?php
// 定义变量并默认设置为空值
$nameErr = $emailErr = $genderErr = $websiteErr = "";
$name = $email = $gender = $comment = $website = "";
if ($_SERVER["REQUEST_METHOD"] == "POST")
{
    if (empty($_POST["name"]))
    {
        $nameErr = "名字是必需的";
    }
    else
    {
        $name = test_input($_POST["name"]);
        // 检测名字是否只包含字母跟空格
        if (!preg_match("/^[a-zA-Z ]*$/",$name))
```

```
            {
                $nameErr = "只允许字母和空格";
            }
        }

        if (empty($_POST["email"]))
        {
         $emailErr = "邮箱是必需的";
        }
        else
        {
            $email = test_input($_POST["email"]);
            // 检测邮箱是否合法
            if (!preg_match("/([\w\-]+\@[\w\-]+\.[\w\-]+)/",$email))
            {
                $emailErr = "非法邮箱格式";
            }
        }

        if (empty($_POST["website"]))
        {
            $website = "";
        }
        else
        {
            $website = test_input($_POST["website"]);
            // 检测 URL 地址是否合法
            if (!preg_match("/\b(?:(?:https?|ftp):\/\/|www\.)
            [-a-z0-9+&@#\/%?=~_|!:,.;]*[-a-z0-9+&@#\/%=~_|]/i",$website))
            {
                $websiteErr = "非法的 URL 地址";
            }
        }
        if (empty($_POST["comment"]))
        {
            $comment = "";
        }
        else
        {
            $comment = test_input($_POST["comment"]);
        }

        if (empty($_POST["gender"]))
        {
            $genderErr = "性别是必需的";
        }
        else
        {
            $gender = test_input($_POST["gender"]);
        }
    }

    function test_input($data)
```

```php
{
    $data = trim($data);
    $data = stripslashes($data);
    $data = htmlspecialchars($data);
    return $data;
}
?>
```

```html
<h2>表单验证: </h2>
<p><span class="error">* 星号红色表示必需字段。</span></p>
<form method="post" action="<?php echo htmlspecialchars($_SERVER
["PHP_SELF"]);?>">
    姓名:
    <input type="text" name="name" value="<?php echo $name;?>">
    <span class="error">* <?php echo $nameErr;?></span>
    <br><br>
    邮箱:
    <input type="text" name="email" value="<?php echo $email;?>">
    <span class="error">* <?php echo $emailErr;?></span>
    <br><br>
    网址:
    <input type="text" name="website" value="<?php echo $website;?>">
    <span class="error"><?php echo $websiteErr;?></span>
    <br><br>
    说明:
    <textarea name="comment" rows="5" cols="40"><?php echo $comment;?>
    </textarea>
    <br><br>
    性别:
    <input type="radio" name="gender" <?php if (isset($gender) && $gender==
"male") echo "checked";?> value="male">男
    <input type="radio" name="gender" <?php if (isset($gender) && $gender==
"female") echo "checked";?> value="female">女
    <span class="error">* <?php echo $genderErr;?></span>
    <br><br>
    <input type="submit" name="submit" value="提交验证">
</form>
<?php
echo "<h2>输入内容如下:</h2>";
echo $name;
echo "<br>";
echo $email;
echo "<br>";
echo $website;
echo "<br>";
echo $comment;
echo "<br>";
echo $gender;
?>
</body>
</html>>
```

运行后直接提交，会在相关的字段显示*号后面的提醒功能，如图2-14所示。

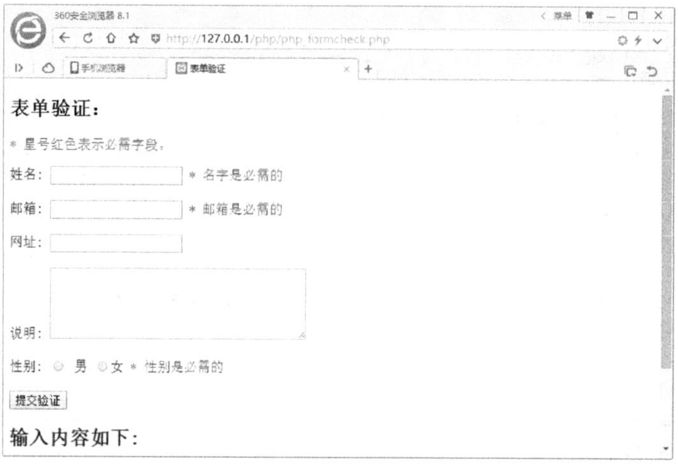

图 2-14 GET 表单测试

这里对用户所有提交的数据都通过PHP的htmlspecialchars()函数进行处理验证。当用户提交表单时，可能输入的字符前面有空格或者换行，需要将提交的字符做以下处理：

（1）使用PHP trim() 函数去除用户输入数据中不必要的字符，如空格、tab和换行等。

（2）使用PHP stripslashes()函数去除用户输入数据中的反斜杠（\）。

在执行以上脚本时，会通过$_SERVER["REQUEST_METHOD"]来检测表单是否被提交。如果REQUEST_METHOD是POST，表单将被提交，数据将被验证。如果表单未提交将跳过验证并显示空白。

2.6 PHP表达式

在PHP程序中，任何一个可以返回值的语句，都可以看作表达式。也就是说，表达式是一个短语，能够执行一个动作，并具有返回值。一个表达式通常由两部分构成，一部分是操作数，另一部分是运算符。本节介绍常用的几种控制语句表达式，分别是条件语句、循环语句，以及require和include语句等。

2.6.1 条件语句

条件语句在PHP中非常普遍，是PHP程序的主要控制语句之一。通常情况下，在客户端获得一个参数，根据传入的参数值做出不同的响应。在PHP中条件语句分别为if语句、if-else语句、if-elseif-else语句和switch语句。

下面我们分别介绍这4种形式的条件语句。

1. if 语句

if语句是许多高级语言中重要的控制语句，使用if语句可以按照条件判断来执行语句，增强了程序的可控制性。只有if语句的条件语句是最简单的一种条件语句，语法如下：

```
if ( expr )
statement
```

首先对expr求值，如果expr的值为True，则执行statement；如果值为False，将忽略statement。
图2-15所示为上述语法格式在执行时的流程图。

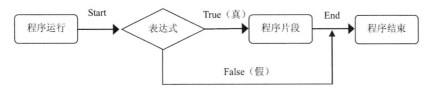

图 2-15 if 语句控制流程图

例如：

```php
<?php
  $Num1=10;
  $Num2=9;
  if($Num1>$Num2)
  echo "$Num1大于$Num2";
?>
```

上述实例展示了if语句的使用，会在变量$Num1大于$Num2时输出"$Num1大于$Num2"。

2. if-else 语句

条件语句的第二种形式是if...else，除了if语句之外，还加上了else语句，它可以在if语句中表达式的值为False时执行，语法如下：

```
if ( expr )
 statement1
else
 statement2
```

首先对expr求值，如果expr的值为True，则执行statement1；如果值为False，则执行statement2。
if-else语句的流程图如图2-16所示。

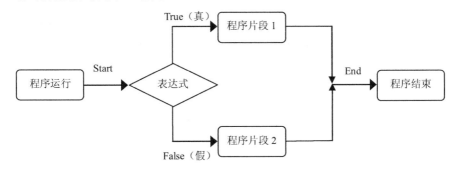

图 2-16 if-else 语句控制流程图

以下代码中在$a大于$b时显示"a大于b"，反之则显示"a不大于b"：

```php
<?php
if ($a > $b)
  echo "a大于 b";
else
```

```
    echo "a 不大于 b";
?>
```

else语句仅在if以及elseif（如果存在）语句中的表达式的值为False时执行，不可以单独使用。

3. if-elseif-else 语句

条件语句的第三种形式是if...elseif...else，elseif是if和else的组合。和else语句一样，它延伸了if语句，可以在原来if表达式值为False时执行不同语句。但是和else语句不同的是，它仅在elseif的条件表达式值为True时执行语句，语法如下：

```
if ( exp1 )
 statement1
elseif ( exp2 )
 statement2
elseif ( exp3 )
 ...
else
 statementn
```

首先对expr1求值，如果expr1的值为True，则执行statement1；如果值为False，则对expr2求值；如果expr2的值为True，则执行statement2；如果值为False，则对expr3求值；以此类推，如果所有的表达式的值都为False，则执行statementn。

这种情况的执行流程图如图2-17所示。

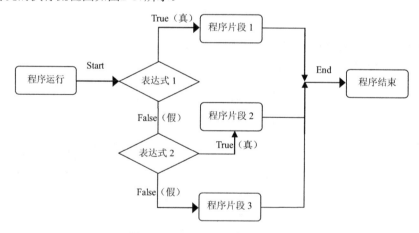

图 2-17 if-elseif-else 语句控制流程图

例如以下代码将根据条件分别显示"a大于b""a等于b"和"a小于b"：

```
<?php
if ($a > $b) {
  echo "a 大于 b";
} elseif ($a == $b) {
  echo "a 等于 b";
```

```
} else {
  echo "a 小于 b";
}
?>
```

elseif也可以写成else if（两个单词），它和elseif（一个单词）的行为完全一样。

4. switch 语句

使用switch语句可以避免大量地使用if-else控制语句。switch语句首先根据变量值得到一个表达式的值，然后根据表达式的值执行语句。switch语句计算expression的值，然后和case后的值进行比较，跳转到第一个匹配的case语句开始执行后面的语句；如果没有case匹配就跳转到default语句执行；如果没有default语句，则退出。到找到匹配项的时候，解析器会一直运行直到switch结尾或者遇见break语句。case语句可以使用空语句。

PHP提供了分支（switch）语句来直接处理多分支选择，语法如下：

```
switch (expr) {
 case constant-expression:
    statement
    jump-statement
 [default:
    statement
    jump-statement
 ]
}
```

其中的常量表达式（constant-expression）可以是任何求值为简单类型的表达式，即整型或浮点数以及字符串。

其流程图如图2-18所示。

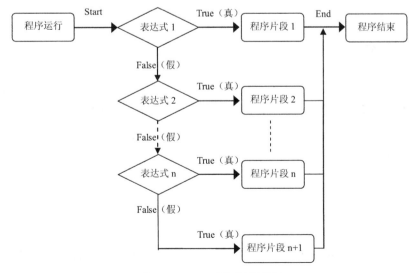

图 2-18　switch 语句控制流程图

下面一段代码是switch语句的简单应用：

```php
<?php
switch ($a) {
  case 0:
    echo "a = 0";
    break;
  case 1:
    echo "a = 1";
    break;
  case 2:
    echo "a = 2";
    break;
}
?>
```

switch语句一行接一行地执行（实际上是语句接语句），开始时没有代码被执行，仅当一个 case 语句中的值和switch表达式的值匹配时PHP才开始执行语句，直到switch的程序段结束或者遇到第一个break语句为止。如果不在case语句段最后写上break，PHP将继续执行下一个case中的语句段。例如：

```php
<?php
switch ($a) {
  case 0:
    echo "a = 0";
  case 1:
    echo "a = 1";
  case 2:
    echo "a = 2";
}
?>
```

这里如果$a等于0，PHP将执行所有的输出语句；如果$a等于1，PHP将执行后面两条输出语句；只有当$a等于2时才会得到结果：a = 2。

2.6.2　循环语句

循环语句也称为迭代语句，让程序重复执行某个程序块，直到某个特定的条件表达式结果为假时，结束执行程序块。在PHP中循环语句的形式有：while循环、do-while循环、for循环和foreach循环。

1. while 循环语句

while语句控制语句的循环执行。格式是：

```
while (expr)
  statement
```

只要expr的值为True就重复执行嵌套中的循环语句。每次开始循环时检查expr的值，有时如果while表达式的值一开始就是False，则循环语句一次都不会执行。一般来说，在代码片段中会改变表达式中变量的值，否则可能成为死循环。图2-19所示为该语句的控制流程图。

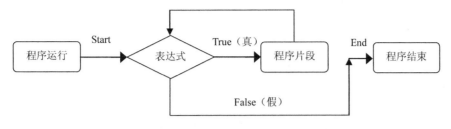

图 2-19 while 语句控制流程图

例如：

```php
<?php
 $a = 1;
 while ($a <= 5) {
   echo $a++; // 从1到5依次输出
 }
?>
```

执行该程序后会输出从1到5的数字。

2. do-while 循环语句

do-while语句和while语句基本一样，不同之处在于while语句在"{}"内的语句执行之前检查条件是否满足，而do-while语句则先执行"{}"内的语句，然后判断条件是否满足，如果满足就继续循环，不满足就跳出循环：

```
do
  statement
while(expr)
```

图2-20所示为该语句的流程图。

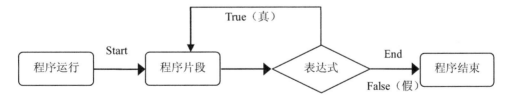

图 2-20 do-while 语句控制流程图

例如：

```php
<?php
 $a = 0;
 do {
  echo $a;
 }
while ($a > 0);
?>
```

以上循环将正好运行一次，因为经过第一次循环后，当检查表达式的值是否为真时，其值为False（$a不大于0）而导致循环终止。

3. for 循环语句

for循环是PHP中最复杂的循环结构。for循环的语法是：

```
for (expr1; expr2; expr3)
  statement
```

其中，第1个expr1在循环开始前无条件求值一次。第2个expr2在每次循环开始前求值。如果值为True，则继续循环，执行嵌套的循环语句。如果值为False，则终止循环。第3个expr3在每次循环之后被求值（执行）。每个表达式都可以为空，expr2为空意味着将无限循环下去（和C一样，PHP认为其值为True）。因为有时候会希望用break语句来结束循环而不是用for的表达式真值判断。

图2-21所示为该语句的流程图，表达式2为True则执行程序片段，其值在表达式1中初始化，在表达式3中进行修改。

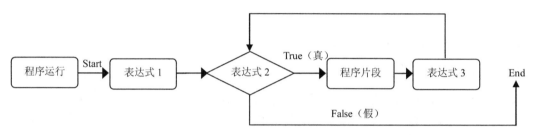

图 2-21　for 语句控制流程图

下面通过使用for循环语句输出九九乘法表：

```php
<?php
  for($i=1;$i<10;$i++)
    {
      for($j=1;$j<10;$j++)
      {
        echo "$i*$j=".$i*$j;
        echo " ";
      }
      echo "<br/>";
    }
?>
```

4. foreach 循环语句

foreach语句是一种遍历数组的简便方法。foreach仅能用于数组，当试图将其用于其他数据类型或者一个未初始化的变量时会产生错误。有两种语法格式，第二种格式不重要但却是第一种格式的有用扩展。

● 第一种格式：

```
foreach (array_expression as $value)
  statement
```

● 第二种格式:

```
foreach (array_expression as $key => $value)
  statement
```

第一种格式遍历给定的array_expression数组。每次循环中，当前单元的值被赋给$value并且数组内部的指针向前移一步（因此下一次循环中将会得到下一个单元）。第二种格式可以执行相同的功能，只是除了当前单元的键名也会在每次循环中被赋给变量$key。其执行的流程图如图2-22所示。

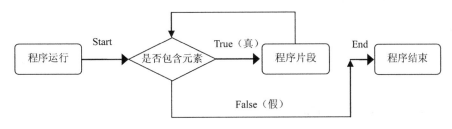

图 2-22　foreach 语句逻辑示意图

该语句的使用方法如下:

```php
<?php
$arr = array("one", "two", "three");
foreach ($arr as $value) {
 echo "Value: $value<br />\n";
}
?>
```

此段代码的输出为:

```
Value: one
Value: two
Value: three
```

在这段代码中遍历数组使用的是foreach语句的第一种格式，也可以使用第二种格式，改写上面的代码如下:

```php
<?php
$arr = array("one", "two", "three");
foreach ($arr as $key => $value) {
 echo "Key: $key; Value: $value<br />\n";
}?>
```

此段代码的输出为:

```
Key: 0; Value: one
Key: 1; Value: two
Key: 2; Value: three
```

2.6.3　其他语句

为了帮助程序员更加精确地控制整个流程，方便程序的设计，PHP还提供了一些其他语句，这里做一下简单的介绍。

1. break 语句

break语句用来结束当前的for、while或switch循环结构，继续执行下面的语句。break语句后面可以跟一个数字，用于在嵌套的控制结构中表示跳出控制结构的层数。

2. continue 语句

continue语句用来跳出循环体，不继续执行循环体下面的语句，而是回到循环判断表达式，并决定是否继续执行循环体。continue语句后面同样可以跟一个数字，作用和break语句相同。

3. return 语句

return语句通常用于函数中，如果在一个函数中调用return语句，将立即结束此函数的执行并将它的参数作为函数的值返回。

4. include()语句和 require()语句

包含并运行指定文件。require()和include()除了处理失败之外，在其他方面都完全一样。include()产生一个警告，而require()则导致一个致命错误。也就是说，如果想在丢失文件时停止处理页面，应该使用require()，而include()则会继续执行脚本，同时也要确认设置了合适的include_path。

5. require_once()语句和 include_once()语句

require_once()语句和include_once()语句分别对应require()语句和include()语句。require_once()语句和include_once()语句主要用于需要包含多个文件时，可以有效地避免把同一段代码包含进去而出现函数或变量重复定义的错误。

2.7 PHP的函数

程序在完成一个功能时，可以把众多的代码写在一起，但这样容易引起混乱。另一种策略就是把总的功能分成小的功能模块，把每一个模块分别实现，在总的框架中根据需要把模块搭建在一起。实现程序模块化的策略就是使用函数，直观来说，函数就是代表一组语句的标识符，在使用函数时，外部调用者不需要关心函数的内部处理过程，只需要关心函数的输入和输出接口的应用。函数可以简单地分为两大类：一类是系统函数，另一类是用户自定义函数。对于系统函数，可以在需要时直接选择使用；而用户自定义函数，首先要定义，然后才能使用。本节的重点是如何定义并使用用户自定义函数，主要包括函数定义的一般形式、函数的参数和返回值、函数的嵌套和递归等。

2.7.1 使用函数

一个函数可用以下语法来定义：

```
function funcName([$arg_1][, $arg_2][, ...][, $arg_n]){
  statement
}
```

定义函数时需要使用function关键字，之后是函数名，有效的函数名必须以字母或下画线作为起始，后面跟字母、数字或下画线。$arg 1到$arg n为函数的可选参数列表，不同的参数之间用逗号分隔。在函数内部可以放置任何有效的PHP代码，甚至包括其他函数和类定义。

例如：

```php
<?php
function maxNum($a,$b){
$c=$a>$b?$a:$b;
return $c;
}
echo maxNum(10,100); // 输出：100
?>
```

上面的一段代码也可以写成：

```php
<?php
echo maxNum(10,100); // 输出：100
function maxNum($a,$b){
$c=$a>$b?$a:$b;
return $c;
}
?>
```

2.7.2　设置函数参数

通过函数参数列表可以传递信息到函数。PHP支持按值传递参数，通过引用传递以及默认参数。默认情况下，函数参数通过值传递，即若在函数内部改变了参数的值，也不会影响到函数外部的值。

例如：

```php
<?php
function change($string){
  $string = "改变之后";
}
$str = "改变之前";
change($str);
echo $str;
?>
```

这段代码的输出为"改变之前"。尽管在函数内部定义了参数$string的值，并没有影响到函数外部$str的值。如果希望允许函数可以修改它的参数值，必须通过引用传递参数，方法是在函数定义的参数前面预先加上&符号。

修改上面的代码如下：

```php
<?php
function change(&$string){
  $string = "&改变之后";
}
$str = "改变之前";
change($str);
echo $str;
?>
```

这段代码的输出为"改变之后"。在函数内部改变了参数$string的值,也影响到了函数外部$str的值。前后两段代码的唯一区别就是,后面一段代码的参数传递是引用传递,即在函数定义的参数前面加上了&符号。

2.7.3   返回函数值

所有的函数都可以有返回值,也可以没有返回值。主要是通过使用可选的return()语句返回值。任何类型都可以返回,其中包括列表和对象。这导致函数立即结束它的运行,并且将控制权传递回它被调用的行。

举例如下:

```php
<?php
  $num1=100;
  $num2=200;
echo "最大的是 ".maxNum($num1, $num2); // 输出:最大的是200
function maxNum($a,$b){
if($a<$b) $a = $b;
return $a;
}
?>
```

2.7.4   函数嵌套和递归

PHP中的函数可以嵌套地定义和调用。所谓嵌套定义,就是在定义一个函数时,其函数体内又包含另一个函数的完整定义。这个内嵌的函数只能在包含它的函数被调用之后才会生效,举例如下:

```php
<?php
function foo()
{
 function bar()
 {
  echo "并没有关闭直到 foo()函数被应用。";
 }
}
/* 不能嵌套应用bar()函数,因为它并没有被关闭。 */
foo();
/*现在可以应用bar()函数,
 foo()'s 的进程允许使用。 */
bar();
?>
```

这段代码的输出为"并没有关闭直到foo()函数被应用。"

所谓嵌套调用,就是在调用一个函数的过程中又调用另一个函数。举例如下:

```php
<?php
$num1=100;
$num2=200;
myoutput($num1, $num2);
```

```
function myoutput ($a, $b){
echo "最大的是 ".maxNum($a, $b);
}
function maxNum($a,$b){
if($a<$b) $a = $b;
return $a;
}
?>
```

这段代码的输出是"最大的是200"。在此段代码中首先调用的是myoutput()函数，而在调用这个函数的过程中又调用了另一个函数maxNum()，这就是函数的嵌套调用。

PHP中还允许函数的递归调用，即在调用一个函数的过程中又直接或间接地调用该函数本身。举例如下：

```
<?php
  recursion(5);
function recursion($a)
{
  if ($a <= 10) {
    echo "$a ";
    recursion($a + 1);
  }
}
?>
```

这段代码的输出是数字5，6，7，8，9，10。在此段代码中首先调用的是recursion()，而在调用这个函数的过程中，如果参数的值小于等于10，则又调用此函数本身，这就是函数的递归调用。嵌套和递归在使用PHP进行一些结算系统的应用时经常使用到，需要读者举一反三，清晰地掌握逻辑关系后才可以进行应用，否则经常容易出现死循环。

2.8　MySQL数据库操作

要想快速成为PHP网页编程高手，核心掌握MySQL的数据库操作是非常重要的，一般PHP实现对MySQL的操作主要包括连接、创建、插入、选择、查询、排序、更新以及删除等操作，下面就分别介绍一下实现这些功能的函数命令。

2.8.1　连接数据库mysqli_connect()

在能够访问并处理数据库中的数据之前，必须创建到达数据库的连接。在PHP中，这个任务通过MySQLi和PDO完成。

注意

MySQLi和PDO的区别：

PDO应用在12种不同数据库中，MySQLi只针对MySQL数据库。所以，如果用户的项目需要在多种数据库中切换，建议使用PDO，这样只需要修改连接字符串和部分查询语句即可。使用MySQLi进行连接时，如果使用不同的数据库，需要重新编写所有代码，包括查询。两者都是面向对象，但MySQLi还提供了API接口。两者都支持预处理语句，预处理语句可以防止SQL注入，对于Web项目的安全性是非常重要的。对于使用PHP+MySQL的组合开发网站，建议还是使用更有针对性的MySQLi连接方法。

下面是mysqli_connect()函数的语法格式：

```
mysqli_connect(servername,username,password,database);
```

在上述语法中涉及的参数说明如下。

- servername：连接的服务器地址。
- username：连接数据库的用户名，默认值是服务器进程所有者的用户名。
- password：连接数据库的密码，默认值为空。
- database：连接的数据库名称。

mysqli_connect()函数如果成功执行则返回一个MySQL连接标识，失败将返回False。

在下面的例子中，我们在一个变量中（$conn）存放了在脚本中供稍后使用的连接。如果连接失败，将执行die部分，需要在phpMyAdmin中预先创建一个数据库db_shop：

```php
<?php
// 创建连接
$conn=mysqli_connect("localhost","root","","db_shop");
// 检测连接

if (mysqli_connect_errno($conn))
{
echo "连接 MySQL 失败: " . mysqli_connect_error();
}
echo "连接成功";
?>
```

脚本一结束，就会关闭连接。如需提前关闭连接，则使用mysqli_close()函数实现。在默认情况下，脚本执行完毕会自动断开与服务器的连接，但是使用mysqli_close()函数则可以在指定的位置来关闭连接释放内存。

```php
<?php
$conn = mysqli_connect("localhost","root"," ");
if (!$conn)
  {
  die('不能连接数据库: ' . mysqli_error());
  }
```

```
mysqli_close($conn);
?>
```

使用PDO的连接代码这里也做一下简单的介绍：

```php
<?php
$servername = "localhost";
$username = "username";
$password = "password";
 // 创建连接
try {
    $conn=new PDO("mysql:host=$servername;dbname=myDB",$username,$password);
    echo "连接成功";
}
catch(PDOException $e)
{
    echo $e->getMessage();
}
?>
```

2.8.2　查询数据库mysqli_query()

CREATE DATABASE语句用于在MySQL中创建数据库。

语法：

```
CREATE DATABASE database_name
```

在PHP中，使用mysqli_query()函数来向MySQL服务器发送各种不同的SQL语句，例如insert、select、update和delete等。这里也要注意mysqli_query()函数仅对SELECT、SHOW、EXPLAIN和DESCRIBE语句返回一个资源标识符，如果查询执行错误则返回False。对于其他类型的SQL语句，mysqli_query()在执行成功时返回True，错误时返回False。

在下面的例子中，创建了一个名为my_db的数据库：

```php
<?php
$conn = mysqli_connect("localhost","root"," ");
if (!$conn)
  {
  die('不能连接数据库: ' . mysqli_error());
  }
if (mysqli_query($conn ,"CREATE DATABASE my_db"))
  {
  echo "Database created";
  }
else
  {
  echo "Error creating database: " . mysqli_error();
  }
mysqli_close($conn);
?>
```

创建的my_db数据库如图2-23所示。

图 2-23　my_db 创建成功

CREATE TABLE语句用于在MySQL中创建数据库表。

语法：

```
CREATE TABLE table_name
(
column_name1 data_type,
column_name2 data_type,
column_name3 data_type,
.......
)
```

为了执行此命令，必须向mysqli_query()函数添加CREATE TABLE语句。

下面的例子展示了如何创建一个名为Persons的表，此表有三列。列名分别为FirstName、LastName以及Age：

```php
<?php
$conn = mysqli_connect("localhost","root"," ");
if (!$conn)
  {
  die('不能连接数据库: ' . mysqli_error());
  }
if (mysqli_query($conn ,"CREATE DATABASE my_db"))
  {
  echo "Database created";
  }
else
  {
  echo "Error creating database: " . mysqli_error();
  }
mysqli_select_db($conn ,"my_db");
$sql = "CREATE TABLE Persons
(
FirstName varchar(15),
LastName varchar(15),
Age int
)";
mysqli_query($conn ,$sql);
mysqli_close($conn);
?>
```

创建的Persons数据表如图2-24所示。

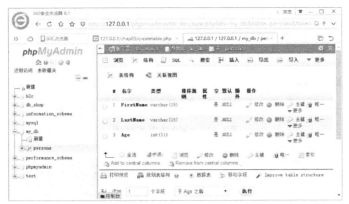

图 2-24　Persons 表创建成功

在创建表之前，必须先选择数据库。通过mysqli_select_db()函数选取数据库。当创建varchar 类型的数据库字段时，必须规定该字段的最大长度，例如varchar(15)。MySQL各种数据类型表如表2-8至表2-11所示。

表2-8　MySQL数据类型表

数值类型	描述
int(size) smallint(size) tinyint(size) mediumint(size) bigint(size)	仅支持整数。在size参数中规定数字的最大值
decimal(size,d) double(size,d) float(size,d)	支持带有小数的数字。在size参数中规定数字的最大值。在d参数中规定小数点右侧的数字的最大值

表2-9　文本数据类型表

文本数据类型	描述
char(size)	支持固定长度的字符串（可包含字母、数字以及特殊符号）。在size参数中规定固定长度
varchar(size)	支持可变长度的字符串（可包含字母、数字以及特殊符号）。在size参数中规定最大长度
tinytext	支持可变长度的字符串，最大长度是255个字符
text blob	支持可变长度的字符串，最大长度是65535个字符
mediumtext mediumblob	支持可变长度的字符串，最大长度是16777215个字符
longtext longblob	支持可变长度的字符串，最大长度是4294967295个字符

表2-10　日期数据类型表

日期数据类型	描述
date(yyyy-mm-dd) datetime(yyyy-mm-dd hh:mm:ss) timestamp(yyyymmddhhmmss) time(hh:mm:ss)	支持日期或时间

表2-11　杂项数据类型表

杂项数据类型	描述
enum(value1,value2,ect)	enum是enumerated列表的缩写。可以在括号中存放最多65535个值
set	set与enum相似。但是，set可拥有最多64个列表项目，并可存放不止一个choice

　　每个表都应有一个主键字段，主键用于对表中的行进行唯一标识。每个主键值在表中必须是唯一的。此外，主键字段不能为空，这是由于数据库引擎需要一个值来对记录进行定位。主键字段永远要被编入索引，这条规则没有例外。必须对主键字段进行索引，这样数据库引擎才能快速定位给予该键值的行。

　　下面的例子把personID字段设置为主键字段。主键字段通常是ID号，且通常使用AUTO_INCREMENT设置。AUTO_INCREMENT会在新记录被添加时逐一增加该字段的值。要确保主键字段不为空，必须向该字段添加NOT NULL设置。

　　举例如下：

```
$sql = "CREATE TABLE Persons
(
personID int NOT NULL AUTO_INCREMENT,
PRIMARY KEY(personID),
FirstName varchar(15),
LastName varchar(15),
Age int
)";
mysqli_query($conn ,$sql);
```

2.8.3　插入数据INSERT INTO

　　INSERT INTO语句用于向数据库表中添加新记录。

　　语法：

```
INSERT INTO table_name
VALUES (value1, value2,....)
```

还可以规定希望在其中插入数据的列：

```
INSERT INTO table_name (column1, column2,...)
VALUES (value1, value2,....)
```

　　SQL语句对大小写不敏感。INSERT INTO与insert into相同。为了让PHP执行该语句，必须使用mysqli_query()函数，该函数用于向MySQL连接发送查询或命令。

在前面创建了一个名为Persons的表，有三个列，即Firstname、Lastname以及Age。在本例中使用同样格式的表，在此表基础上添加了两个新记录，代码输出结果如图2-25所示：

```php
<?php
$conn = mysqli_connect("localhost","root","");
if (!$conn)
  {
  die('不能连接数据库: ' . mysqli_error());
  }
mysqli_select_db($conn , "my_db");
mysqli_query($conn , "INSERT INTO Persons (FirstName, LastName, Age)
VALUES ('chen', 'yicai', '35')");
mysqli_query($conn , "INSERT INTO Persons (FirstName, LastName, Age)
VALUES ('yu', 'heyun', '28')");
mysqli_close($conn);
?>
```

图 2-25　插入数据成功

2.8.4　获取数据mysqli_fetch_array()

SELECT语句用于从数据库中选取数据。

语法：

```
SELECT column_name(s) FROM table_name
```

SQL语句对大小写不敏感，SELECT与select等效。为了让PHP执行上面的语句，必须使用mysqli_query()函数，该函数用于向MySQL发送查询或命令。

在PHP中，获取数据库中的一行可通过函数mysqli_fetch_array()来实现，mysqli_fetch_array()函数会将从结果集中获取的行放入一个数组中，并将其返回。

下面的例子选取存储在Persons表中的所有数据（*字符表示选取表中所有数据）：

```php
<?php
$conn = mysqli_connect("localhost","root","");
if (!$conn)
  {
  die('不能连接数据库: ' . mysqli_error());
  }
```

```
mysqli_select_db($conn,"my_db");
$result = mysqli_query($conn,"SELECT * FROM Persons");
while($row = mysqli_fetch_array($result))
  {
  echo $row['FirstName'] . " " . $row['LastName'];
  echo "<br />";
  }
mysqli_close($conn);
?>
```

查询的结果如图2-26所示。

图 2-26　查询并显示结果

上面这个例子在$result变量中存放由mysqli_query()函数返回的数据。接下来，使用mysqli_fetch_array()函数以数组的形式从记录集返回第一行。随后对mysqli_fetch_array()函数的每个调用都会返回记录集中的下一行。while循环语句会循环记录集中的所有记录。为了输出每行的值，使用了PHP的$row变量($row['FirstName']和$row['LastName'])。

2.8.5　条件查询WHERE

如需选取匹配指定条件的数据，可以向SELECT语句添加WHERE子句。
语法：

```
SELECT column FROM table
WHERE column operator value
```

下面的运算符如表2-12所示，可与WHERE子句一起使用。

表2-12　可用于查询的运算符

运算符	说明	运算符	说明
=	等于	>=	大于或等于
!=	不等于	<=	小于或等于
>	大于	BETWEEN	介于一个包含范围内
<	小于	LIKE	搜索匹配的模式

由于SQL语句对大小写不敏感，WHERE与where等效，为了让PHP执行上面的语句，必须使用mysqli_query()函数，该函数用于向MySQL连接发送查询和命令。

下面的例子将从Persons表中选取所有FirstName='chen'的行：

```php
<?php
$conn = mysqli_connect("localhost","root","");
if (!$conn)
  {
  die('不能连接数据库: ' . mysqli_error());
  }
mysqli_select_db($conn ,"my_db");
$result = mysqli_query($conn ,"SELECT * FROM Persons
WHERE FirstName='chen'");

while($row = mysqli_fetch_array($result))
  {
  echo $row['FirstName'] . " " . $row['LastName'];
  echo "<br />";
  }
?>
```

查询的结果如图2-27所示。

图 2-27　条件查询并显示结果

2.8.6　数据排序ORDER BY

ORDER BY关键词用于对记录集中的数据进行排序。

语法：

```
SELECT column_name(s)
FROM table_name
ORDER BY column_name
```

SQL对大小写不敏感，ORDER BY与order by等效。

下面的例子选取Persons表中存储的所有数据，并根据Age列对结果进行排序：

```php
<?php
$conn = mysqli_connect("localhost","root","");
if (!$conn)
  {
  die('不能连接数据库: ' . mysqli_error());
  }
mysqli_select_db($conn,"my_db");
```

```
$result = mysqli_query($conn,"SELECT * FROM Persons ORDER BY age");
while($row = mysqli_fetch_array($result))
  {
  echo $row['FirstName'];
  echo " " . $row['LastName'];
  echo " " . $row['Age'];
  echo "<br />";
  }
mysqli_close($conn);
?>
```

查询的结果如图2-28所示。

图 2-28　排序查询并显示结果

如果使用ORDER BY关键词，记录集的排序顺序默认是升序（1在9之前，a在p之前）。使用DESC关键词来设定降序排序（9在1之前，p在a之前）：

```
SELECT column_name(s)
FROM table_name
ORDER BY column_name DESC
```

根据两列进行排序，也可以根据多个列进行排序。当按照多个列进行排序时，只有第一列相同时才使用第二列：

```
SELECT column_name(s)
FROM table_name
ORDER BY column_name1, column_name2
```

2.8.7　更新数据UPDATE

UPDATE语句用于在数据库表中修改数据。

语法：

```
UPDATE table_name
SET column_name = new_value
WHERE column_name = some_value
```

由于SQL对大小写不敏感，UPDATE与update等效。为了让PHP执行上面的语句，必须使用mysqli_query()函数，该函数用于向MySQL连接发送查询和命令。

下面的例子可以更新Persons表的一些数据：

```php
<?php
$conn = mysqli_connect("localhost","root","");
if (!$conn)
  {
  die('不能连接数据库: ' . mysqli_error());
  }
mysqli_select_db($conn ,"my_db");
mysqli_query($conn,"UPDATE Persons SET Age = '38'
WHERE FirstName = 'chen' AND LastName = 'yicai'");
mysqli_close($conn);
?>
```

更新后数据表如图2-29所示。

图 2-29　数据更新成功

2.8.8　删除数据DELETE FROM

DELETE FROM语句用于从数据库表中删除记录。

语法：

```
DELETE FROM table_name
WHERE column_name = some_value
```

SQL对大小写不敏感，DELETE FROM与delete from等效。为了让PHP执行上面的语句，必须使用mysqli_query( )函数。该函数用于向MySQL连接发送查询和命令。

举例如下：

```php
<?php
$conn = mysqli_connect("localhost","root","");
if (!$conn)
  {
  die('不能连接数据库: ' . mysqli_error());
  }
mysqli_select_db($conn ,"my_db");
```

```
mysqli_query($conn ,"DELETE FROM Persons WHERE LastName='yicai'");
mysqli_close($conn);
?>
```

本小节介绍PHP实现MySQL数据库的一些常用操作，读者在学习的时候一定要认真编写每一行代码，养成规范，方便后面内容的学习。

第 **3** 章

全程实例一：成绩查询系统

　　进行PHP网站开发的环境有很多，对于已经很熟悉HTML语言和PHP的设计人员甚至可以直接使用记事本进行代码的编写工作；对于新手来说可以使用Dreamweaver配合MySQL进行动态系统的开发。Dreamweaver提供了方便的图形化界面，但从PHP 7.0开始需要在编辑代码窗口中手动输入一些程序，才能够与MySQL数据库交互，实现建立数据、查询、新增记录、更新记录、删除记录等操作，实现PHP+MySQL动态系统的开发。本章将介绍如何使用Dreamweaver的服务器行为，引导读者掌握使用Dreamweaver开发PHP程序的逻辑方法。

本章的学习重点：
- 在Dreamweaver中进行PHP开发平台的搭建
- 搭建PHP成绩查询系统开发的平台
- 检查数据库记录的常见操作
- 编辑记录的常见操作

3.1 成绩查询系统环境

本节就以实例"成绩查询"系统的形式具体介绍Dreamweaver中的服务器行为的使用方法。在开始制作一个PHP网站之前，需要在Dreamweaver中定义一个新站点。在"新建站点"中可以显示现在网站的本地目录、测试的路径等信息。

3.1.1 查询系统设计

"成绩查询"系统结构主要分成用户登录入口与找回密码入口两个部分，其中index.php是这个网站的首页。

在本地的计算机设置站点服务器，除在Dreamweaver CC 2017的网站环境按F12键来浏览网页之外，还可以在浏览器输入"http://127.0.0.1/phpweb/index.php"来打开用户系统的首页index.php，其中phpweb为站点名。

本实例制作9个功能页面，各页面的功能如表3-1所示。

表3-1　网页功能表

页面	主要的功能
index.php	用来显示所有的成绩记录
conn.php	数据库连接代码
detail.php	显示详细成绩信息页面
add.php	增加成绩信息页面
update.php	更新成绩信息页面
del.php	删除成绩信息页面
saveupdate.php	更新调用的PHP代码
savedel.php	删除调用的PHP代码
saveadd.php	保存增加调用的PHP代码

（1）index.php：index.php用于浏览数据库内的记录，为detail.php提供附带URL参数ID的超级链接，便于查看详细的记录信息，如图3-1所示。

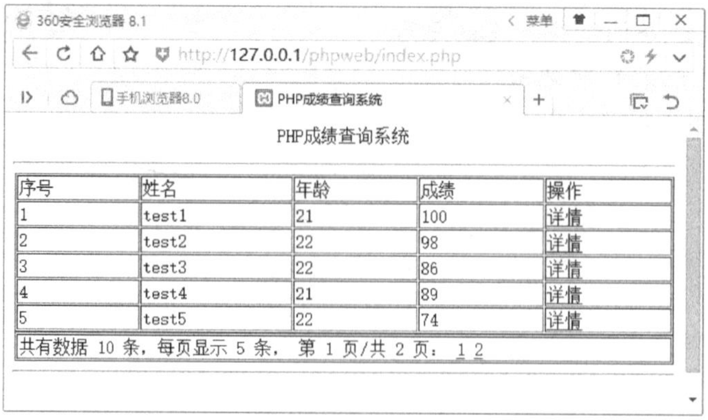

图 3-1　index.php 页面效果

（2）detail.php：detail.php用于接收由index.php传来的URL参数ID，利用URL参数筛选数据库中的记录。更新与删除记录都是依据数据库中的主键字段ID来识别记录的，如图3-2所示。

图 3-2　detail.php 页面效果

（3）update.php：update.php用于接收由detail.php传来的URL参数ID，利用URL参数筛选数据库中的记录，单击"更新"按钮调用saveupdate.php，即可完成数据的更新并返回原网页，制作后的效果如图3-3所示。

图 3-3　update.php 页面效果

（4）del.php：del.php用于接收由detail.php传来的URL参数ID，利用URL参数筛选数据库中的记录，单击"删除"按钮调用savedel.php，即可完成数据的删除并返回首页，制作后的效果如图3-4所示。

图 3-4　del.php 页面效果

当实现一个PHP系统功能时，提前规划网站的架构是一件很重要的事情。在我们头脑中对网站要有一个雏形，大概有哪些页面、页面间的关系如何等。数据库的架构规划也是一样的，要有哪些数据表、字段，如何跟网页配合等都是很重要的工作。

3.1.2 创建数据库

经过对前面功能的分析发现，数据库应该包括ID、姓名、年龄与成绩4个字段，所以在数据库中必须包含一个容纳上述信息的表，将数据库命名为phpweb，下面就要使用phpMyAdmin软件建立网站数据库websql作为任何数据查询、新增、修改与删除的后端支持。

创建的步骤如下：

步骤01 在浏览器中输入http://127.0.0.1/phpmyadmin/，输入MySQL的用户名和密码（xammp默认环境下可以直接登录）。

步骤02 单击"执行"按钮即可进入软件的管理界面，选择相关数据库可看到数据库中的各表，可进行表、字段的增删改，可以导入、导出数据库信息，如图3-5所示。

图3-5 软件的管理界面

步骤03 单击 命令，打开本地的"数据库"管理页面，在"新建数据库"文本框中输入数据库的名称phpweb，单击后面的数据库类型下拉按钮，在弹出的下拉列表框中选择utf8_general_ci选项，如图3-6所示。

注意

UTF8是数据库的编码格式，通常在开发PHP动态网站时Dreamweaver默认的格式就是UTF8格式，在创建数据库时也要保证数据库存储的格式和网页调用的格式一样，这里要介绍一下utf8_bin和utf8_general_ci的区别。其中ci是case insensitive，即"大小写不敏感"，a和A在字符判断中会被当作一样的；bin是二进制，a和A会被区别对待。

图 3-6　软件的管理界面

步骤04　单击"创建"按钮，返回"常规设置"页面，在数据库列表中就已经建立了phpweb的数据库，如图3-7所示。

图 3-7　创建后的页面

步骤05　数据库建立后还要建立网页数据所需的数据表。这个网站数据库的数据表是websql。建立数据库后，接着单击左边的phpweb数据库将其连接上，如图3-8所示。

图 3-8　开始建数据表

步骤06 打开"新建数据表"页面，在"名字"文本框中输入数据表名websql，在"字段数"文本框中输入本数据表的字段数为4，表示将创建4个字段来存储数据，如图3-9所示。

图 3-9 输入数据表名 websql 和字段数

步骤07 再单击"执行"按钮，切换到数据表的字段属性设置页面，输入数据域名以及设置数据域位的相关数据，如图3-10所示。各字段的意义如表3-2所示。这个数据表主要是记录每个人的基本数据和成绩。

表3-2 websql数据表

字段名称	字段类型	字段大小	说明
ID	int	11	自动编号
name	varchar	20	个人姓名
age	tinyint	4	个人年龄
Result	varchar	20	个人成绩

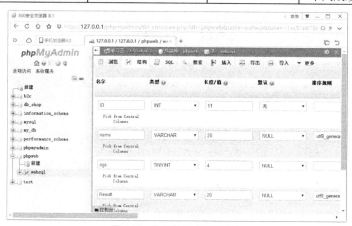

图 3-10 设置数据库字段属性

步骤08 最后单击"保存"按钮，切换到"结构"页面。实例将要使用的数据库建立完毕，如图3-11所示。

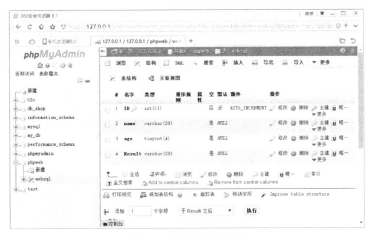

图 3-11　建立的数据库页面

步骤09　为了页面制作的调用需要，可以先在数据表里加入10笔数据。在数据表手动加入名为test1~test10的10个测试姓名，年龄和成绩可以设置不同的数据，如图3-12所示。

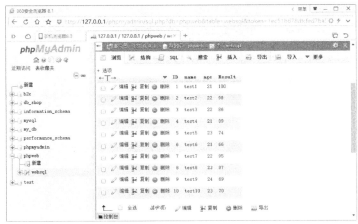

图 3-12　加入 10 笔数据

3.1.3　定义Web站点

在Dreamweaver CC 2017中创建一个"成绩查询"网站站点phpweb，由于这是PHP数据库网站，因此必须设置本机数据库和测试服务器，主要的设置如表3-3所示。

表3-3　站点设置的基本参数

站点名称	web
本机根目录	D:\xampp\htdocs\phpweb
测试服务器	D:\xampp\htdocs\
网站测试地址	http://127.0.0.1/phpweb/
MySQL服务器地址	D:\xampp \MySQL\ data\phpweb
管理账号／密码	root／空
数据库名称	phpweb

创建web站点的具体操作步骤如下：

步骤01 在D:\xampp\htdocs路径下建立phpweb文件夹（如图3-13所示），本实例所有建立的网页文件都将放在该文件夹下。

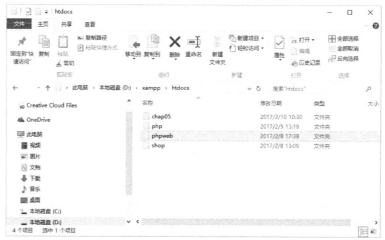

图 3-13　建立站点文件夹 phpweb

步骤02 启动Dreamweaver CC 2017，执行菜单栏中的"站点"→"管理站点"命令，打开"管理站点"对话框，如图3-14所示。

图 3-14　"管理站点"对话框

步骤03 单击"新建站点"按钮，打开"站点设置对象"对话框，左边是站点列表框，其中显示可以设置的选项。进行如图3-15所示的参数设置，设置站点名称为phpweb，本地站点文件夹地址为D:\xampp\htdocs\phpweb。

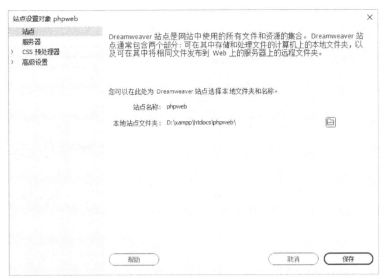

图 3-15　建立 phpweb 站点

步骤04　单击列表框中的"服务器"选项，并单击"添加服务器"按钮 ➕，打开"基本"选项卡进行如图3-16所示的参数设置。

图 3-16　"基本"选项卡设置

步骤05　设置后再单击"高级"选项卡，打开"高级"服务器设置对话框，选中"维护同步信息"复选框，在"服务器模型"下拉列表框中选择PHP MySQL选项（表示是使用PHP开发的网页），其他的保持默认值，如图3-17所示。

图 3-17　设置"高级"选项卡

步骤06　单击"保存"按钮，返回"服务器"设置界面，选中"测试"单选按钮，如图3-18
所示。

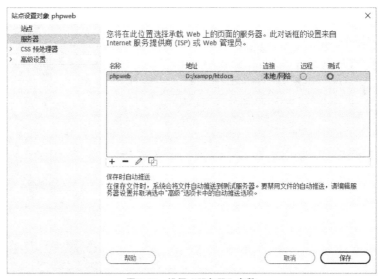

图 3-18　设置"服务器"参数

步骤07　单击"保存"按钮，完成站点的定义设置。在Dreamweaver CC 2017中就已经拥有
了刚才所设置的站点Web。单击"完成"按钮，关闭"管理站点"对话框，这样就完成了Dreamweaver
CC 2017测试Web站点的网站环境设置。

这里要说明一下，之所以建立Dreamweaver的站点配置，是为了方便使用Dreamweaver在开发
网站时通过单击"实时视图"窗口可以在编辑窗口的上部分实时看到PHP网站运行的效果，如图3-19
所示。这也是本书推荐初学者使用Dreamweaver作为PHP网站开发编辑器的主要原因之一，方便用
户所见即所得，可以随时进行编辑并即时看到制作的效果。

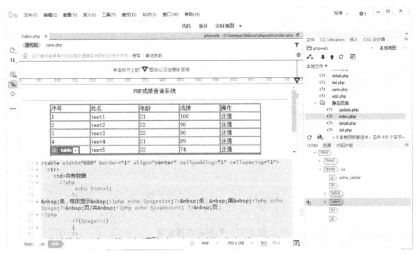

图 3-19　Dreamweaver 制作的实时窗口显示

3.1.4　建立数据库连接

完成了站点的定义后，需要将网站与前面建立的phpweb数据库建立连接。

网站与数据库的连接步骤如下：

步骤01　执行菜单栏"文件"→"新建"命令，在网站根目录下新建一个名为conn.php的网页，输入网页标题"PHP成绩查询系统"，然后执行菜单栏"文件"→"保存"命令将网页保存，如图3-20所示。

图 3-20　创建 conn.php 空白页

步骤02　conn.php文件是Dreamweaver用来存放MySQL连接设置的文件，在大多数的PHP编程文件中都喜欢用conn.php文件名来命名。打开该文件并使用"代码"视图，输入MySQL的连接代码，如图3-21所示。

图 3-21　数据库连接设置

在这个文件中定义了与MySQL服务器的连接（mysqli_connect函数），包括以下内容：

```php
<?php
//建立数据库连接；
$conn=mysqli_connect("localhost","root","","phpweb");
//设置字符为utf-8，@抑制字符变量的声明提醒。
@ mysqli_set_charset ($conn,utf8);
@ mysqli_query($conn,utf8);
//如果连接错误显示错误原因。
if (mysqli_connect_errno($conn))
{
    echo "连接 MySQL 失败: " . mysqli_connect_error();
}
?>
```

其中，表示数据库连接的代码为：

- localhost：MySQL服务器的地址。
- phpweb：连接数据库的名称。
- root：MySQL用户名称。
- 空白""：MySQL用户密码。这里使用环境默认是空白。

连接后才能对数据库进行查询、新增、修改或删除的操作。如果在网站制作完成后将文件上传至网络上的主机空间时发现网络上的MySQL服务器访问的用户名、密码等方面与本机设置的有所不同，可以直接修改conn.php文件。

3.2　动态查询功能

使用PHP+Dreamweaver可以利用Dreamweaver软件自带的动态服务器行为快速建立一些基本动态功能，但PHP 7.0之后由于废弃了mysql.dll（推荐使用mysqli或者pdo_mysql），就无法再使用这些基础功能了。需要在Dreamweaver中单独编写PHP代码来实现对MySQL数据库的操作，主要包括创建记录集、插入记录、更新记录、重复区域、显示区域和记录集分页等常用的动态服务器行为。

3.2.1　创建新记录集

在每个需要查看数据库记录的页面中皆需为其建立一个MySQL数据库的查询"记录集（查询）"，从而可以让Dreamweaver知道，目前这个网页中所需要的是数据库中的哪些数据。即便需要的内容一样，在不同网页也需要单独建立。同一个数据库只需建立一次MySQL连接，但我们可为同一个MySQL数据库连接建立多个"记录集"，配合筛选的功能达到某个记录集只包含数据库中符合某些条件的记录。

下面以系统的实例实现来说明，具体的步骤如下：

步骤01　执行菜单栏"文件"→"新建"命令，在网站根目录下新建一个名为index.php的网页，输入网页标题"PHP成绩查询系统"，然后执行菜单栏"文件"→"保存"命令将网页保存。

步骤02　打开index.php文件后，使用"代码"视图，输入代码如下：

```
<?php
 $sql1=mysqli_query($conn,"select * from websql order by ID asc limit ");
//设置websql数据表按ID升序排序查询出所有数据
 while($info1=mysqli_fetch_array($sql1))
//使用mysqli_fetch_array查询所有记录集，并定义为$info1
 {
?>
```

字段的功能说明如表3-4所示。

表3-4　字段与功能说明

字段	说明
mysqli_query函数	一般用$sql作为变量定义
mysqli_fetch_array函数	选择所建立记录集作为数组
order by ID asc　排序	是否依照某个字段值进行排序。比如，在新闻系统中需要把新的新闻放到前面位置，就可以使用排序的功能

记录集使用到的就是SELECT语句，因为查询出来的结果可能会有很多条，所以称为记录集（合），而"筛选"部分则对应WHERE子句。

其程序具体分析如下：

（1）第1行定义了查询数据库的SQL语句。使用所定义的SQL语句对数据库执行查询操作（mysqli_query()），此时返回的结果是资源标识符，还不能被使用。

（2）第3行将前面查询的结果以关系型数组的形式（mysqli_fetch_ array()）传至变量$info1，然后就可以使用$info1_记录集名称['字段名称']来取得记录集字段值。

3.2.2　显示所有记录

要将记录集内的记录（数据库中的数据）直接显示到网页上，实现的步骤如下：

步骤01　在"文件"面板中打开index.php，在网页中制作一个如图3-22所示的2×5表格，然后在表格的列<td>代码中输入如下代码：

```php
<td><?php echo $info1['ID'];?></td><!--显示ID字段-->
<td><?php echo $info1['name'];?></td><!--显示name字段-->
<td><?php echo $info1['age'];?></td><!--显示age字段-->
<td><?php echo $info1['Result'];?></td><!--显示Result字段-->
```

图 3-22 绑定字段

步骤02 将序号、姓名、年龄、成绩4个字段分别输入相应的单元格后，单击 实时视图 按钮。视图所呈现的效果与使用浏览器打开的网页一样，原本仅显示{记录集名称.字段名称}的部分将会显示出记录集内的记录，这里由于没有设置完整的重复命令，运行只能显示空白的第一条记录集，如图3-23所示。

图 3-23 显示一条空白的数据

步骤03 再单击一次 实时视图 按钮，将页面切换到 代码 视图。我们来看{记录集名称.字段名称}部分的代码。之所以要确认选取的标签为 <tr>，是因为重复区域会使用while循环包围所作用的范围。而需要重复的仅是第2行的表格，在HTML中表格的行是使用 <tr>标签。确认选取的标签正确，执行时才不会发生错误。运行时将显示所有的记录集，如图3-24所示。

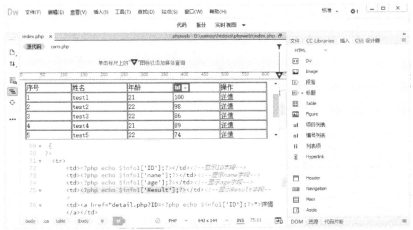

图 3-24　显示所有的记录集

3.2.3　记录集的分页

上一节已经可以查询记录集中所有的记录了，那剩下的记录如何显示出来呢？下面就介绍记录集分页功能的实现方法。

步骤01　在index.php页面代码前面加入分页统计查询的PHP代码如下：

```php
<?php
    $sql=mysqli_query($conn,"select count(*) as total from websql");
//建立统计有记录集总数查询；
    $info=mysqli_fetch_array($sql);
//使用mysqli_fetch_array获取所有记录集；
    $total=$info['total'];
//定义变量$total值为记录集的总数；
    if($total==0)
    {
        echo "本系统暂无任何查询数据！";
    }
//如果记录总数为0则显示无数据；
    else
    {
    ?>
```

步骤02　对第一个显示所有记录查询进行页码划分，实现的代码如下：

```php
<?php

        $pagesize=5;
        //设置每页显示5条记录；
        if ($total<=$pagesize){
            $pagecount=1;
            //定义$pagecount初始变量为1页；
        }
        if(($total%$pagesize)!=0){
            $pagecount=intval($total/$pagesize)+1;
```

```
        //取页面统计总数为整数;
        }else{
            $pagecount=$total/$pagesize;

        }
        if((@ $_GET['page'])==""){
            $page=1;
        //如果总数小于5则页码显示为1页;
        }else{
            $page=intval($_GET['page']);
        //如果大于5条则显示实际的总数;
        }
    $sql1=mysqli_query($conn,"select * from websql order by ID asc limit
".($page-1)*$pagesize.",$pagesize ");
        //设置websql数据表按ID升序排序查询出所有数据;
    while($info1=mysqli_fetch_array($sql1))
        //使用mysqli_fetch_array查询所有记录集,并定义为$info1;
    {
    ?>
```

这里将分页功能定义为一个记录集,通过统计之后即可进行调用,作为本范例中建立记录集导航条。

3.2.4 显示记录计数

在页面下方输入"共有数据X条,每页显示Y条,第A页/共B页:",建立起记录集导航条,以便让用户了解有多少页记录,当前正在浏览第几页。

显示记录计数的步骤如下:

步骤01 在index.php中建立一个表格,将"共有数据X条,每页显示Y条,第A页/共B页:"中输入显示记录数的PHP代码如下:

```
<table width="600" border="1" align="center" cellpadding="1" cellspacing="1">
  <tr>
    <td>共有数据
      <?php
        echo $total;//显示总页数;
      ?>
 条, 每页显示 <?php echo $pagesize;//打印每页显示的总条数; ?> 条,
  第  <?php echo $page;// 显示当前页码; ?> 页 / 共  <?php echo
$pagecount;//打印总页码数 ?> 页:
  <?php
        if($page>=2)
            //如果页码数大于等于2则执行下面程序
        {
        ?>
<a href="index.php?page=1" title="首页"><font face="webdings"> 9 </font></a> /
<a href="index.php?id=<?php echo $id;?>&amp;page=<?php echo $page-1;?>" title="
前一页"><font face="webdings"> 7 </font></a>
  <?php
```

```
    }
        if($pagecount<=4){
            //如果页码数小于等于4执行下面程序
          for($i=1;$i<=$pagecount;$i++){
        ?>
<a href="index.php?page=<?php echo $i;?>"><?php echo $i;?></a>
<?php
          }
        }else{
        for($i=1;$i<=4;$i++){
        ?>
<a href="index.php?page=<?php echo $i;?>"><?php echo $i;?></a>
<?php }?>
    <a href="index.php?page=<?php echo $page-1;?>" title="后一页"><font
face="webdings">  8  </font></a>  <a  href="index.php?id=<?php  echo
$id;?>&amp;page=<?php echo $pagecount;?>" title="尾页"><font face="webdings"> :
</font></a>
<?php }?></td>
    </tr>
</table>
```

对于加入的PHP代码含义在代码中都单独进行了标注。

步骤02　完成后，当我们浏览该网页时便会出现当前共有几条数据，每页显示的条数，当前是第几笔到第几笔的提示文字，如图3-25所示。

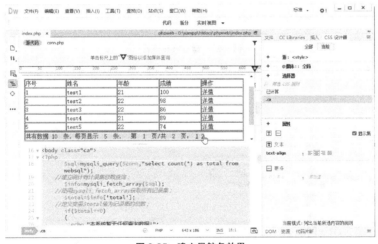

图 3-25　建立导航条效果

3.2.5　显示详细信息

通常一个动态网站的数据量是比较大的，很多时候并不会一开始就将数据库所有字段、记录都显示出来。例如一个新闻系统，在首页只会显示新闻的日期与标题，更详细的新闻内容需要选择标题后进入另一个页面才能显示。假设显示新闻标题的页面是index.php，而显示详细新闻内容的网页名称为detail.php。当在index.php中单击标题的链接后，此时该超链接会带着一个参数到detail.php，网址类似于detail.php?ID=1。多出的ID=1是一个变量名为ID、值为1的URL参数。当detail.php收到

ID=1的URL参数后，便利用这个URL参数在建立记录集时筛选所指定的新闻记录，并将记录详细信息显示在网页上，这样就构成了一个简单的新闻系统架构。要筛选指定的记录可以在SQL中使用WHERE子句。

详细页的制作步骤如下：

步骤01 使用Dreamweaver CC 2017创建一个空白detail.php页面并保存。index.php中选择要用来连接到详细信息页面的部分（其实就是选择要在哪里建立超级链接），在本例中选择的是单击"详情"文字链接，如图3-26所示。

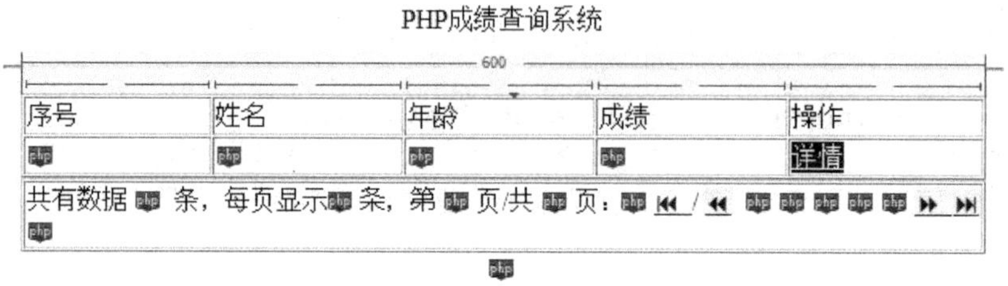

图 3-26 单击首页链接到 detail.php

步骤02 在下面的"属性"面板中找到建立链接的部分，并单击"浏览文件"图标🗀，如图3-27所示。

图 3-27 建立链接设置

步骤03 在弹出的对话框中选择用来显示详细记录信息的页面detail.php，如图3-28所示。

图 3-28 设置链接的文件

步骤04 如果只是这样，那只会是单纯的超级链接并没有附带URL参数，因此要设置超级链接要附带的URL参数的名称与值。本例将参数名称命名为ID，接收上一页传递过来的ID值。

步骤05 地址变成detail.php?ID=<?php echo $info1['ID'];?>，如图3-29所示。

```
<td><a href="detail.php?ID=<?php echo $info1['ID'];?>">详情</a></td>
<!--设置跳转并传递ID值-->
```

图 3-29　完成后的链接地址

步骤06 设置完成后，可以在浏览器打开index.php页面。在浏览器下方的状态栏上可以看到每一条记录的链接都带着URL参数ID，其值是每条记录的ID，如图3-30所示。

序号	姓名	年龄	成绩	操作
1	test1	21	100	详情
2	test2	22	98	详情
3	test3	22	86	详情
4	test4	21	89	详情
5	test5	22	74	详情

共有数据 10 条，每页显示 5 条，第 1 页/共 2 页：1 2

http://127.0.0.1/phpweb/detail.php?ID=1

图 3-30　单击链接的属性显示

前面已经完成index.php页面的制作，下面来设计接收URL参数的detail.php页面，看看如何用收到的参数来筛选指定的记录。

步骤01 打开detail.php页面后输入的PHP代码如下：

```php
<?php require_once('conn.php'); ?>
//调用数据库连接文件实现连接
<html>
<head>
<meta http-equiv="Content-Type" content="text/html; charset=utf-8" />
<title>PHP成绩查询系统</title>
<style type="text/css">
.aline_center {
  text-align: center;
}
.ca {
  text-align: center;
}
</style>
</head>
<body class="ca">
<p class="aline_center">PHP成绩查询系统</p>
<hr />
<table width="600" border="1" align="center" cellpadding="1" cellspacing="1">
  <tr>
    <td>序号</td>
    <td>姓名</td>
```

```
        <td>年龄</td>
        <td>成绩</td>
        <td>编辑</td>
      </tr>
      <?php
  $ID=@ $_GET['ID'];
  //设置$ID值为前页传过来的ID值, 使用$_GET[]函数实现
  $sql=mysqli_query($conn,"select * from websql where ID='".$ID."'");
  //建立数据库条件查询, 查询条件为ID='".$ID."'"
  $info=mysqli_fetch_array($sql);
  ?>
      <tr>
        <td><?php echo $info['ID'];?></td>
        <td><?php echo $info['name'];?></td>
        <td><?php echo $info['age'];?></td>
        <td><?php echo $info['Result'];?></td>
        <td><a href="update.php?ID=<?php echo $info['ID'];?>">更 新</a>  / <a
  href="del.php?ID=<?php echo $info['ID'];?>">删除</a></td>
      </tr>
  </table>
  <hr />
  <p> </p>
  </body>
  </html>
```

步骤02 记录集建立完毕后, 可以把各个字段 "插入" 页面相应的单元格中, 完成的页面如图3-31所示。

图 3-31　制作的详细页面

步骤03 完成后直接按F12键在浏览器中打开detail.php, 发现内容是空白的, 如图3-32所示。这是怎么回事呢? 因为在网址后面没有带URL参数, 当然记录集里就不会有任何内容了。

图 3-32　显示为空白

步骤04　直接在网址后加上URL变量ID，其值可以选1~10的任何一个值，如这里输入6，然后按Enter键，网页显示的结果如图3-33所示。

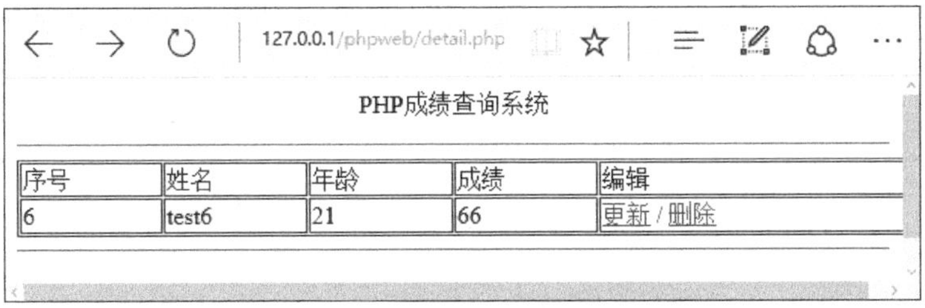

图 3-33　URL 参数 ID=6 时的详细页面

步骤05　在index.php中，每一条记录的网址都带有特定的参数链接到detail.php，如图3-34所示。

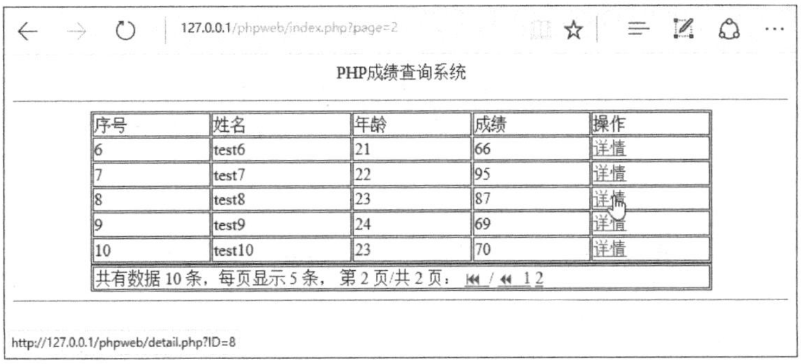

图 3-34　单击编号链接

这里如果不以"详情"作为主链接也是可以的，也可以使用标题作为链接。单击某个新闻标题即可打开相应的详细页面采用的就是这种技术。

3.3　编辑记录功能

数据库记录在页面上的显示、重复、分页、计数、显示详细信息的操作已经介绍完毕，本节将介绍在Dreamweaver CC 2017中进行增加、修改以及删除记录的操作。

3.3.1　增加记录功能

在数据表websql中有4个字段，其中ID字段为主键且附加了"自动编号"属性，因此在新增记录时不必考虑ID字段，只需增加3个值即可。

实现的步骤如下：

步骤01 创建一个空白的php网页，并命名为add.php，先添加一个表单，再插入一个4×2表格，键入相关提示后依序放上3个文本字段、两个按钮，完成后如图3-35所示。

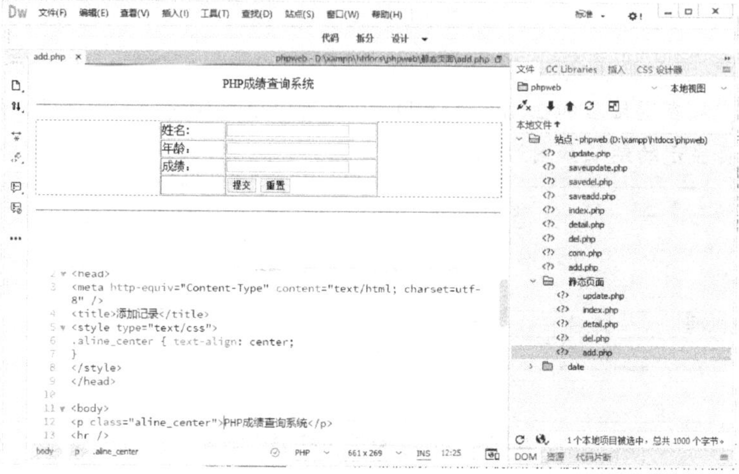

图 3-35　建立表单并设计网页

当需要新增、更新记录时，网页中需要有一个表单且表单元素必须置于表单内，在单击按钮后只有在表单内的元素会被以POST或GET的方式传递。

步骤02 插入3个文本字段，并分别选择各个文本字段，在"属性"面板为其命名，分别是姓名name、年龄age、成绩Result，注意在设计时要与记录集字段名称一一对应，如图3-36所示为成绩Result的文本框属性设置。

图 3-36　命名文本域

> **注意**
>
> 当表单元素的命名与记录集字段相符合时，在做"新增记录""更新记录"时PHP会自动将表单元素与记录集字段相匹配，同时也方便编程人员在做修改时能快速找到相应的字段。

步骤03 设置完成后，在页面中加入一个跳转和判断的命令，其中action="saveadd.php"用于提交表单后提交到saveadd.php代码页进行处理，onSubmit="return chkinput(this)"是在本页的前面加入表单验证的功能，即不能提交空白数据，具体所加入的位置如下：

```
<html>
<head>
<meta http-equiv="Content-Type" content="text/html; charset=utf-8" />
<title>添加记录</title>
<style type="text/css">
```

```
.aline_center {      text-align: center;
}
</style>
</head>
<script language="javascript">
  function chkinput(form)
  {
    if(form.name.value=="")
  {
   alert("请输入姓名!");
   form.name.select();
   return(false);
  }
    if(form.age.value=="")
  {
   alert("请输入年龄!");
   form.age.select();
   return(false);
  }
    if(form.Result.value=="")
  {
   alert("请输入年龄!");
   form.Result.select();
   return(false);
  }
   return(true);
   }
</script>
<body>
<p class="aline_center">PHP成绩查询系统</p>
<hr />
<form   name="form1"   method="POST"   action="saveadd.php"   onSubmit="return
chkinput(this)">
    <table      width="300"      border="1"      align="center"      cellpadding="1"
cellspacing="1">
     <tr>
      <td width="84">姓名: </td>
      <td width="203"><input type="text" name="name" id="name" /></td>
     </tr>
     <tr>
      <td>年龄: </td>
      <td><input type="text" name="age" id="age" /></td>
     </tr>
     <tr>
      <td>成绩: </td>
      <td><input type="text" name="Result" id="Result" /></td>
     </tr>
     <tr>
      <td> </td>
      <td><input type="submit" name="button" id="button" value="提交" />
      <input type="reset" name="button2" id="button2" value="重置" /></td>
     </tr>
    </table>
```

```
</form>
<hr />
<p> </p>
</body>
</html>
```

步骤04 提交到的saveadd.php网页是纯PHP代码，主要功能是将提交的表单数据插入MySQL数据库中，实现的PHP代码如下：

```
<meta http-equiv="Content-Type" content="text/html; charset=utf-8">
<?php
include("conn.php");
$name=$_POST['name'];
$age=$_POST['age'];
$Result=$_POST['Result'];
mysqli_query($conn,"insert into websql (name,age,Result) values ('$name',
'$age','$Result')");
echo "<script>alert('添加成功!');history.back();</script>";
//用script脚本语言实现插入后提醒"添加成功"，history.back();实现跳转回原页的功能
?>
```

步骤05 直接按F12键在浏览器中打开网页，输入值如图3-37所示，单击"提交"按钮尝试新增一笔记录。

图3-37　输入记录数据

步骤06 单击"提交"按钮后，网址将从add.php转至index.php。单击网页下方的分页导航条的"最后一页"链接（这里是单击数字3链接），便可以看到刚才新增的记录，如图3-38所示。

图3-38　增加记录后的效果

3.3.2 更新记录功能

更新记录功能是指将数据库中的旧数据根据需要进行更新的操作。这里我们会用前面已经使用到的detail.php文件。

更新记录功能的操作步骤如下：

步骤01 打开detail.php网页后，选择链接文字"更新"，如图3-39所示。

图 3-39 选择链接文字

步骤02 在"属性"面板中单击如图3-40所示的"浏览文件"图标，为其建立附带URL参数的超级链接。

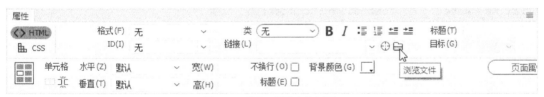

图 3-40 单击"浏览文件"图标

步骤03 输入用来更新记录使用的update.php页面，为其建立名称为ID、值是记录集ID字段值的URL参数。

步骤04 完成后的链接地址如图3-41所示。

```
update.php?ID=<?php echo $info['ID'];?>
//传递ID到update.php页面
```

图 3-41 传递 ID 至 update.php

步骤05 创建update.php空白文档，该页面的设计与详细信息页面detail.php相同，都是要利用接收到的URL参数筛选指定记录。使用PHP设置查询记录集代码如下：

```php
<?php
    $ID=@ $_GET['ID'];
    $sql=mysqli_query($conn,"select * from websql where ID='".$ID."'");
    $info=mysqli_fetch_array($sql);
?>
```

步骤06 将页面中应该有的表单、文本字段、按钮设置完成，在"绑定"面板中将记录集内的字段拖动至页面上各对应的文本字段中，如图3-42所示。由于ID是主键，不能随便变更主键的值，因此这里的ID部分是直接显示为文本字段，其他为输入文本。

图3-42 绑定字段

步骤07 同样需要对在单击"更新"按钮时进行一个表单判断，不能让姓名、年龄、成绩三个字段为空，完成整页的代码如下：

```php
<?php require_once('conn.php'); ?>
<html>
<head>
<meta http-equiv="Content-Type" content="text/html; charset=utf-8" />
<title>更新页面</title>
<style type="text/css">
.aline_center {    text-align: center;
}
.dc {
 text-align: center;
}
</style>
</head>

<body>
<p class="aline_center">PHP成绩查询系统</p>
<hr />
 <script language="javascript">
  function chkinput(form)
  {
    if(form.name.value=="")
  {
   alert("请输入姓名!");
   form.name.select();
   return(false);
  }
    if(form.age.value=="")
  {
   alert("请输入年龄!");
   form.age.select();
   return(false);
```

```
    }
    if(form.Result.value=="")
    {
    alert("请输入年龄!");
    form.Result.select();
    return(false);
    }
    return(true);
    }
    </script>
    <form name="form1" method="post" action="saveupdate.php" onSubmit="return
chkinput(this)">
    <table width="600" border="1" align="center" cellpadding="1" cellspacing=
"1">
    <tr>
    <td>序号</td>
    <td>姓名</td>
    <td>年龄</td>
    <td>成绩</td>
    </tr>
    <?php
    $ID=@ $_GET['ID'];
    $sql=mysqli_query($conn,"select * from websql where ID='".$ID."'");
    $info=mysqli_fetch_array($sql);
    ?>
    <tr>
    <td><?php echo $info['ID'];?></td>
    <input name="ID" type="hidden" id="ID" value="<?php echo $info['ID']?>"
size="16" />
    <!--加入ID隐藏域使用表单传递时能把ID值正确传给下一页-->
    <td><input name="name" type="text" id="name" value="<?php echo
$info['name']?>" size="16" /></td>
    <td><input name="age" type="text" id="age" value="<?php echo
$info['age']?>" size="16" /></td>
    <td><input name="Result" type="text" id="Result" value="<?php echo
$info['Result']?>" size="16" /></td>
    </tr>
    <tr>
    <td colspan="4" class="dc"><input type="submit" name="button" id="button"
value="更新" />
    <input type="reset" name="button2" id="button2" value="重置" /></td>
    </tr>
    </table>
    </form>
    <hr />
    <p> </p>
    <p> </p>
    </body>
    </html>
```

步骤08 创建saveupdate.php网页，使用update函数实现对表格数据的更新，具体的PHP代码如下：

```
<meta http-equiv="Content-Type" content="text/html; charset=utf-8">
<?php
$ID=$_POST['ID'];
$name=$_POST['name'];
$age=$_POST['age'];
$Result=$_POST['Result'];
include("conn.php");
mysqli_query($conn,"update  websql  set  name='$name',age='$age',Result=
'$Result' where id='$ID'");
echo "<script>alert('修改成功!');history.back();</script>";
?>
```

步骤09 最后在浏览器中打开index.php，选择最后一笔记录到详情页面detail.php，再在详情页面选择"更新"链接，如图3-43所示。

图 3-43 选择"更新"链接

步骤10 在update.php中可以修改姓名、年龄与成绩的字段值，而ID文本字段是不能被修改的，更改完成后单击"更新"按钮，如图3-44所示。

图 3-44 修改数据

步骤11 返回到index.php，检查记录是否被正确更新，如图3-45所示。

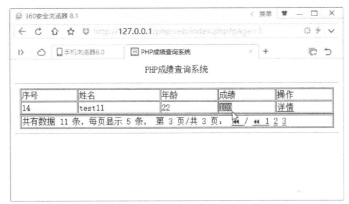

图 3-45　完成更新的功能页面

　　这部分的程序代码与插入记录基本相同，差别只在于隐藏字段的名称不同，使用的是UPDATE语句。

3.3.3　删除记录功能

　　删除记录功能是指将数据从数据库中删除，使用delete（删除记录）命令即可实现。具体的实现步骤如下：

　　步骤01　使用超级链接带着URL参数转到删除页面del.php。首先在detail.php中选中"删除"，在"属性"面板中建立链接，如图3-46所示。

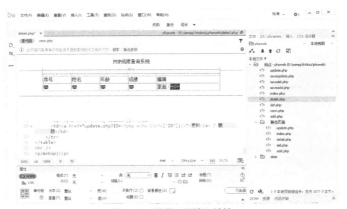

图 3-46　设置"删除"链接

　　步骤02　在"属性"面板中单击如图3-47所示的"浏览文件"图标，为其建立附带URL参数的超级链接。

图 3-47　单击"浏览文件"图标

　　步骤03　输入用来删除记录使用的del.php页面，为其建立名称为ID、值是记录集ID字段值的URL参数。

步骤04 完成后的链接地址如图3-48所示。

```
del.php?ID=<?php echo $info['ID'];?>
//传递ID到del.php页面
```

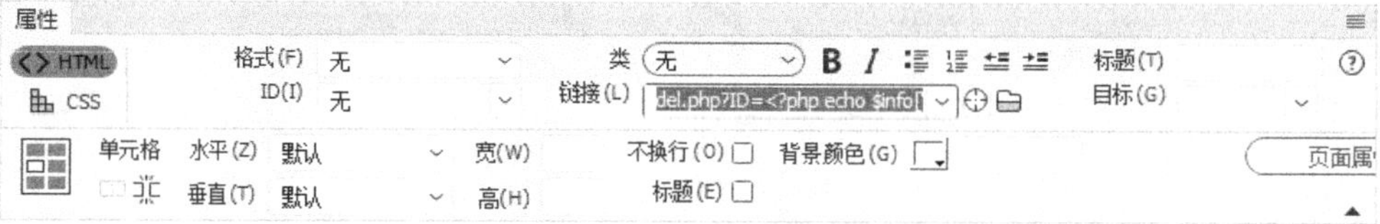

图 3-48　传递 ID 至 del.php

步骤05 创建del.php空白文档，使用PHP设置查询记录集代码，实现功能的PHP代码已经在网页中标注出来：

```
<?php require_once('conn.php'); ?>
<html>
<head>
<meta http-equiv="Content-Type" content="text/html; charset=utf-8" />
<title>删除页面</title>
<style type="text/css">
.aline_center {  text-align: center;
}
.dc {
 text-align: center;
}
</style>
</head>
<body>
<p class="aline_center">PHP成绩查询系统</p>
<hr/>
  <form name="form1" method="post" action="savedel.php"">
  <table  width="600"  border="1"  align="center"  cellpadding="1"
cellspacing="1">
    <tr>
     <td>序号</td>
     <td>姓名</td>
     <td>年龄</td>
     <td>成绩</td>
    </tr>
   <?php
   $ID=$_GET['ID'];
   $sql=mysqli_query($conn,"select * from websql where ID='".$ID."'");
   $info=mysqli_fetch_array($sql);
  ?>
  // 查询记录集记录
   <tr>
     <td><?php echo $info['ID'];?></td>
     <input  name="ID"  type="hidden"  id="ID"  value="<?php  echo
$info['ID']?>" size="16" />
     <!--加入ID隐藏域使用表单传递时能把ID值正确传给下一页-->
```

```
        <input type="hidden" name="id" value="<?php echo $info['ID'];?>">
        <td><?php echo $info['name']?></td>
        <td><?php echo $info['age']?></td>
        <td><?php echo $info['Result']?></td>
    </tr>
    <tr>
        <td colspan="4" class="dc"><input type="submit" name="button"
id="button" value="删除" /></td>
    </tr>
    </table>
</form>
<hr />
<p> </p>
<p> </p>
</body>
</html>
```

步骤06 最后创建savedel.php网页代码，使用delete命令实现数据库的删除操作。并使用 header("location:index.php");命令实现删除成功后跳转到首页。

```
<meta http-equiv="Content-Type" content="text/html; charset=utf-8">
<?php
 include("conn.php");
 $ID=$_POST['ID'];
 mysqli_query($conn,"delete from websql where id='$ID'");
 echo "<script>alert('删除成功!');</script>";
header("location:index.php");
?>
```

　　本章学习了最基本的PHP常用服务器行为的操作和使用，并且了解了原始程序代码的意义。在后面的章节中，如用户管理系统、留言簿管理系统、新闻管理系统等的实现都将用到这些基本操作。

第 4 章

全程实例二：用户管理系统

在网站的建设开发中，第一个要接触的就是用户管理系统的开发，即网站提供给会员注册并能登录进行一些操作的基本功能。一个典型的用户系统一般应该有用户注册功能、资料修改功能、取回密码功能，以及用户注销身份等功能。本章将以前介绍的知识加以灵活应用。该实例中主要用到创建数据库和数据库表、建立数据源连接、建立记录集、创建各种动态页面、添加重复区域来显示多条记录、页面之间传递信息、创建导航条、隐藏导航条链接等技巧和方法。

本章的学习重点：

- 用户管理系统网站结构的搭建
- 创建数据库和数据库表
- 建立数据库连接
- 掌握用户管理系统中页面之间信息传递的技巧和方法
- 用户管理系统常用功能的设计与实现

4.1　用户管理系统的规划

在开发用户管理系统之前要做好整个系统的规划，比如在注册时需要采集哪些资料、是否提供在线修改密码等操作。这样方便后面整个系统的开发与制作，本节就介绍一下用户管理系统的整体规划工作。

4.1.1　页面规划设计

"用户管理"的系统分为用户登录入口与找回密码入口两个部分，其中index.php是这个网站的首页。在本地的计算机设置站点服务器，在Dreamweaver CC 2017的网站环境按F12键来浏览网页，或者在浏览器中输入"http://127.0.0.1/member/index.php"来打开用户管理系统的首页index.php，其中member为站点名。

实例共有12个页面，各个页面的名称和对应的功能如表4-1所示。

表4-1　用户管理系统网页功能表

页面	功能
index.php	用户开始登录的页面
welcome.php	用户登录成功后显示的页面
loginfail.php	用户登录失败后显示的页面
register.php	新用户用来注册个人信息的页面
regok.php	新用户注册成功后显示的页面
regfail.php	新用户注册失败后显示的页面
lostpassword.php	丢失密码后进行密码查询使用的页面
showquestion.php	查询密码时输入提示问题的页面
showpassword.php	答对查询密码问题后显示的页面
userupdate.php	修改用户资料的页面
userupdateok.php	成功更新用户资料后显示的页面
logout.php	退出用户系统的页面

4.1.2　搭建系统数据库

通过对用户管理系统的功能分析发现，这个数据库应该包括注册的用户名、注册密码以及一些个人信息，如性别、年龄、E-mail、电话等，所以在数据库中必须包含一个容纳上述信息的表，称之为"用户信息表"，将数据库命名为member。搭建数据库和数据表的步骤如下：

步骤01　在phpMyAdmin中建立数据库member，单击选择 数据库 命令，打开本地的"数据库"管理页面，在"新建数据库"文本框中输入数据库的名称member，单击打开后面的数据库类型下拉按钮，在弹出的下拉列表框中选择"utf8_general_ci"选项，单击"创建"按钮，返回"常规设置"页面，在数据库列表中就已经建立了member的数据库，如图4-1所示。

图 4-1　创建 member 数据库

步骤02　单击左边的member数据库将其连接上，打开"新建数据表"页面，输入数据表名member，在"字段数"文本框中输入本数据表的字段数为12，表示将创建12个字段来存储数据，再单击"执行"按钮，切换到数据表的字段属性设置页面，输入数据域名以及设置数据域位的相关数据，如图4-2所示。

图 4-2　建立 member 数据表

各字段如表4-2所示，这个数据表主要是记录每个用户的基本数据、加入的时间，以及登入的账号与密码。

表4-2　member数据表

字段名称	字段类型	字段大小	说明
ID	int	11	用户编号
username	varchar	20	用户账号
password	varchar	20	用户密码
question	varchar	50	找回密码提示
answer	varchar	50	答案

（续表）

字段名称	字段类型	字段大小	说明
truename	varchar	50	真实姓名
sex	varchar	10	性别
address	varchar	50	地址
tel	varchar	50	电话
QQ	varchar	20	QQ号码
email	varchar	50	邮箱
authority	char	1	登录者身份区分

创建的数据表有12个字段，读者在开发其他用户管理系统时可以根据采集用户信息的需要加入更多的字段。

4.1.3　用户管理系统站点

在Dreamweaver CC 2017中创建一个"用户管理系统"网站站点member，由于这是PHP数据库网站，因此必须设置本机数据库和测试服务器，主要的设置如表4-3所示。

表4-3　站点设置的基本参数

站点名称	member
本机根目录	D:\xampp\htdocs\member
测试服务器	D:\xampp\htdocs\
网站测试地址	http://127.0.0.1/member/
MySQL服务器地址	D:\xampp \MySQL\ data\member
管理账号／密码	root／空
数据库名称	member

创建member站点的具体操作步骤如下：

步骤01 首先在D:\xampp\htdocs路径下建立member文件夹（如图4-3所示），本章所有建立的网页文件都将放在该文件夹下。

图 4-3　建立站点文件夹 member

步骤02 运行Dreamweaver CC 2017，执行菜单栏中的"站点"→"管理站点"命令，打开"管理站点"对话框，如图4-4所示。

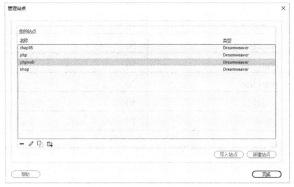

图 4-4 "管理站点"对话框

步骤03 对话框的上边是站点列表框，其中显示了所有已经定义的站点。单击下面的"新建站点"按钮，打开"站点设置对象"对话框，进行如图4-5所示的参数设置。

图 4-5 建立 member 站点

步骤04 单击列表框中的"服务器"选项，并单击"添加服务器"按钮，打开"基本"选项卡，进行如图4-6所示的参数设置。

图 4-6 "基本"选项卡设置

步骤05 设置后再单击"高级"选项卡，打开"高级"服务器设置对话框，选中"维护同步信息"复选框，在"服务器模型"下拉列表框中选择PHP MySQL（表示是使用PHP开发的网页），其他的保持默认值，如图4-7所示。

图 4-7　设置"高级"选项卡

步骤06 单击"保存"按钮，返回"服务器"设置界面，选中"测试"单选按钮，如图4-8所示。

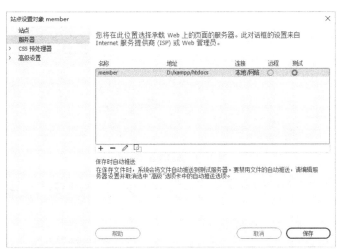

图 4-8　设置"服务器"参数

步骤07 单击"保存"按钮，即可完成站点的定义设置，在Dreamweaver CC 2017中就已经拥有了刚才所设置的站点member。单击"完成"按钮，关闭"管理站点"对话框，这样就完成了Dreamweaver CC 2017测试用户管理系统网页的网站环境设置。

4.1.4　设置数据库连接

完成了站点的定义后，接下来就是用户系统网站与数据库之间的连接，网站与数据库的连接设置如下：

步骤01 将本实例的静态文件复制到站点文件夹下，打开conn.php，如图4-9所示。

图4-9　打开 conn.php 网页

步骤02 打开该文件并使用"代码"视图，输入MySQL的连接代码，如图4-10所示。

图4-10　数据库连接设置

在这个文件中定义了与MySQL服务器的连接（mysqli_connect函数），包括以下内容。

```php
<?php
//建立数据库连接，连接到member数据库；
$conn=mysqli_connect("localhost","root","","member");
//设置字符为utf-8，@抑制字符变量的声明提醒。
@ mysqli_set_charset ($conn,utf8);
@ mysqli_query($conn,utf8);
//如果连接错误显示错误原因。
if (mysqli_connect_errno($conn))
{
    echo "连接 MySQL 失败: " . mysqli_connect_error();
}
?>
```

连接后才能对数据库进行查询、新增、修改或删除的操作。如果在网站制作完成后将文件上传至网络上的主机空间时发现，网络上的MySQL服务器访问的用户名、密码等方面与本机设置有所不同，可以直接修改conn.php文件。

4.2 用户登录功能

本节主要介绍用户登录功能的制作，用户管理系统的第一个功能就是要提供一个所有会员进行登录的窗口。

4.2.1 设计登录页面

当用户访问该用户管理系统时，首先要进行身份验证，这个功能是靠登录页面来实现的。所以登录页面中必须有要求用户输入用户名和密码的文本框，以及输入完成后进行登录的"登录"按钮和输入错误后重新设置用户名和密码的"重置"按钮。

详细的制作步骤如下：

步骤01 首先来看一下用户登录的首页设计，如图4-11所示。

图 4-11　用户登录系统首页

步骤02 index.php页面是用户登录系统的首页，打开前面创建的index.php页面，输入网页标题"PHP用户管理系统"，然后执行菜单栏"文件"→"保存"命令将网页标题保存。

步骤03 执行菜单栏"文件"→"页面属性"命令，然后在"背景颜色"文本框中输入颜色值为#CCCCCC，在"上边距"文本框中输入0px，这样设置的目的是为了让页面的第一个表格能置顶到上边，并形成一个灰色底纹的页面，设置如图4-12所示。

步骤04 设置完成后单击"确定"按钮，进入"文档"窗口，执行菜单栏"插入"→"表格"命令，打开"表格"对话框，在"行数"文本框中输入需要插入表格的行数为3，在"列"文本框中输入需要插入表格的列数为3，在"表格宽度"文本框中输入775像素，设置"边框粗细""单元格边距"和"单元格间距"都为0，如图4-13所示。

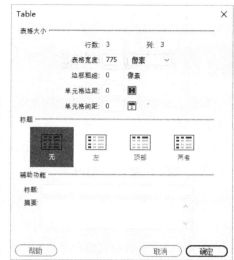

图 4-12 "页面属性"对话框   图 4-13 设置"表格"属性

步骤05 单击"确定"按钮,这样就在"文档"窗口中插入了一个3行3列的表格。将鼠标指针放置在第1行表格中,在"属性"面板中单击"合并所选单元格,使用跨度"按钮图标田,将第1行表格合并,再执行菜单栏"插入"→"图像"命令,打开"选择图像源文件"对话框,在站点images文件夹中选择图片01.gif,如图4-14所示。

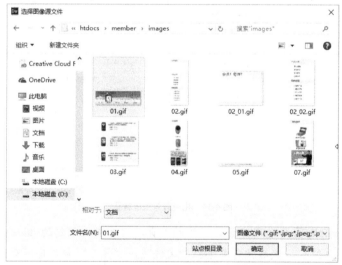

图 4-14 "选择图像源文件"对话框

步骤06 单击"确定"按钮,即可在表格中插入此图片。将鼠标指针放置在第3行表格中,在"属性"面板中单击"合并所选单元格,使用跨度"按钮田,将第3行所有单元格合并,再执行菜单栏"插入"→"图像"命令,打开"选择图像源文件"对话框,在站点images文件夹中选择图片05.gif,插入一个图片,效果如图4-15所示。

图 4-15　插入图片效果图

步骤07 插入图片后，选择插入的整个表格，在"属性"面板的"对齐"下拉列表框中选择"居中对齐"选项，让插入的表格居中对齐，如图4-16所示。

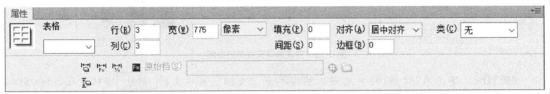

图 4-16　设置"居中对齐"

步骤08 把光标移至创建的表格第2行第1列中，在"属性"面板中设置高度为456像素、宽度为179像素，设置高度和宽度根据背景图像而定，从"背景"中选择该站点images文件夹中的02.gif文件，得到如图4-17所示的效果。

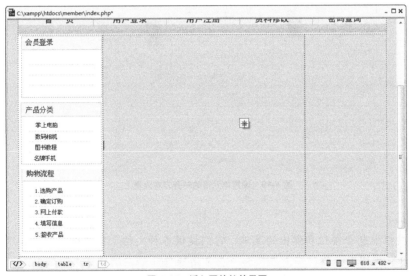

图 4-17　插入图片的效果图

步骤09 在表格的第2行第2列和第3列中，分别插入同站点images文件夹中的图片03.gif和04.gif，完成网页的结构搭建，如图4-18所示。

121

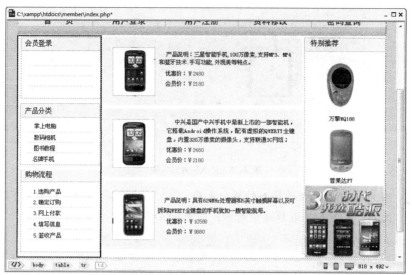

图 4-18　完成的网页背景效果图

步骤10　单击第2行第1列单元格，然后单击"文档"窗口上的 拆分 按钮，在\<td和/td\>之间加入valign="top"（表格文字和图片的相对摆放位置，可选值有top、middle、bottom）的命令，表示让鼠标指针能够自动地贴至该单元格的最顶部，设置如图4-19所示。

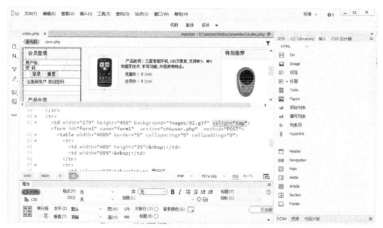

图 4-19　设置单元格的对齐方式为最上

注意

文档工具栏中包含按钮和弹出的菜单，它们提供各种文档"窗口视图"（如"代码""拆分"和"设计"视图）、各种查看选项和一些常用操作（如在浏览器中预览）。

步骤11　单击"文档"窗口上的 设计 按钮，返回文档窗口的"设计"窗口模式，在刚创建的表格的单元格中，执行菜单栏"插入"→"表单"→"表单"命令（如图4-20所示），插入一个表单。

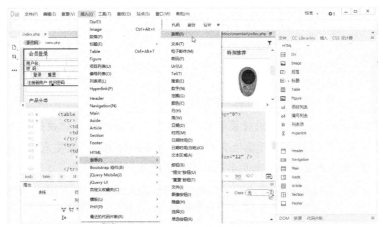

图 4-20 执行"表单"命令

步骤12 将鼠标指针放置在该表单中，执行菜单栏"插入"→"表格"命令，打开"表格"对话框，在"行数"文本框中输入5，在"列"文本框中输入2。在"表格宽度"文本框中输入179像素，在该表单中插入5行2列的表格。单击并拖动鼠标分别选择第1行、第2行和第5行表格，并分别在"属性"面板中单击使用"合并所选单元格，使用跨度"按钮，将这几行表格进行合并。然后在表格的第1行输入"会员登录"四个字，在第2行第1列中输入文字说明"用户名"，在第2行第2列中执行菜单栏"插入"→"表单"→"文本"命令，插入一个单行文本域表单对象，并定义文本域名为"username"，"文本域"属性设置如图4-21所示。

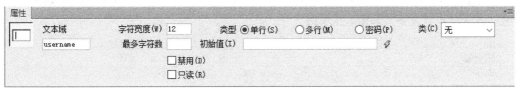

图 4-21 "文本域"的设置

设置文本域的属性说明如下：

● 文本域：在"文本域"文本框中为文本域指定一个名称，每个文本域都必须有一个唯一名称。表单对象名称不能包含空格或特殊字符。可以使用字母、数字、字符和下画线（_）的任意组合。请注意，为文本域指定的标签是存储该域的值（输入的数据）的变量名，这是发送给服务器进行处理的值。

● 字符宽度："字符宽度"设置域中最多可显示的字符数。"最多字符数"指定在域中最多可输入的字符数，如果保留为空白，则输入不受限制。"字符宽度"可以小于"最多字符数"，但大于字符宽度的输入则不被显示。

● 初始值："初始值"指定在首次载入表单时，域中显示的值。例如，通过包含说明或示例值，可以指示用户在域中输入信息。

● 类："类"可以将CSS规则应用于对象。

步骤13 在第3行第1列表格中输入文字说明"密码"，在第3行表格的第2列中执行菜单栏"插入"→"表单"→"文本"命令，插入密码文本域表单对象，定义"文本域"名为password。"文本域"属性设置及此时的效果分别如图4-22和图4-23所示。

图 4-22　密码 "文本域" 的设置　　　　　　　　　图 4-23　密码 "文本域" 效果

步骤14　选择第4行单元格，执行菜单栏 "插入" → "表单" → "按钮" 命令两次，插入两个按钮，并分别在 "属性" 面板中进行属性变更，一个为登录时用的 "提交表单" 选项，一个为 "重设表单" 选项， "属性" 的设置分别如图4-24和图4-25所示。

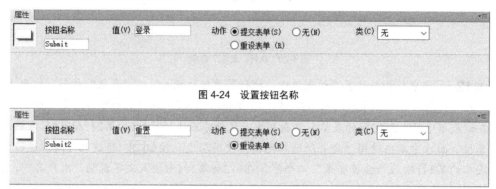

图 4-24　设置按钮名称

图 4-25　设置按钮名称 2

步骤15　在第5行输入 "注册新用户" 文本，并设置一个转到用户注册页面register.php的链接对象，以方便用户注册，如图4-26所示。

图 4-26　建立链接

步骤16　如果已经注册的用户忘记了密码，还希望以其他方式能够重新获得密码，可以在表格的第4列中输入 "找回密码" 文本，并设置一个转到密码查询页面lostpassword.php的链接对象，方便用户取回密码，如图4-27所示。

图 4-27　密码查询设置

步骤17　表单编辑完成后，下面来编辑该网页的动态内容，使用户可以通过该网页中表单的提交实现登录功能。表单对象对应的 "属性" 面板的 "动作" 属性值为 "chkuser.php"，方法为 "POST"，如图4-28所示。它的作用就是实现表单跳转的功能。

图 4-28 表单对应的"属性"面板

步骤18 执行菜单栏"文件"→"保存"命令，将该文档保存到本地站点中，完成网站的首页制作。

步骤19 表单提交到chkuser.php动态网页进行验证，如果登录用户名和密码都正确就跳转到welcome.php；如果登录失败提示登录失败原因，具体实现的代码如下：

```php
<meta http-equiv="Content-Type" content="text/html; charset=utf-8">
<?php
include("conn.php");
$username=$_POST['username'];
$userpwd=$_POST['password'];
class chkinput{
   var $name;
   var $pwd;
   function chkinput($x,$y){
     $this->name=$x;
     $this->pwd=$y;
    }
   function checkinput(){
     include("conn.php");
//判断名称和密码是否正确
     $sql=mysqli_query($conn,"select * from member where username= '".$this->
name."'");
     $info=mysqli_fetch_array($sql);
     if($info==false){
         echo "<script language='javascript'>alert('不存在此用户！');history.
back();</script>";
         exit;
      }
      else{
       if($info['authority']==1){
           echo "<script language='javascript'>alert('该用户已经被冻结！
');history.back();</script>";
           exit;
          }
       if($info['password']==$this->pwd)
        {
           session_start();
       $_SESSION['username']=$info['username'];
       $_SESSION['ID']=$info['ID'];
       header("location:welcome.php");
//设置阶段变量转向至welcome.php页面
       exit;
          }
       else {
```

```
        echo  "<script  language='javascript'>alert('密码输入错误！');
</script>";
    header("location: loginfail.php");
    //登录失败跳转至loginfail.php页面
            exit;
        }
    }
    }
}
    $obj=new chkinput(trim($username),trim($userpwd));
    $obj->checkinput();
?>
```

4.2.2 登录成功和失败

当用户输入的登录信息不正确时，就会转到loginfail.php页面，显示登录失败的信息。如果用户输入的登录信息正确，就会转到welcome.php页面。

步骤01 执行菜单栏"文件"→"新建"命令，在网站根目录下新建一个名为loginfail.php的网页并保存。

步骤02 登录失败的页面设计如图4-29所示。在"文档"窗口中选中"这里"文本，在其对应的"属性"面板上的"链接"文本框中输入index.php，将其设置为指向index.php页面的链接。

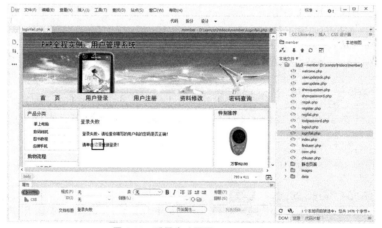

图 4-29 登录失败页面 loginfail.php

步骤03 执行菜单栏"文件"→"保存"命令，完成loginfail.php页面的创建。

制作welcome.php页面，详细制作的步骤如下：

步骤01 执行菜单栏"文件"→"新建"命令，在网站根目录下新建一个名为welcome.php的网页并保存。

步骤02 用类似的方法制作登录成功页面的静态部分，如图4-30所示。

图 4-30 欢迎界面的效果图

下面使用阶段变量实现登录成功后显示用户名，阶段变量提供了一种对象，通过这种对象，用户信息得以存储，并使该信息在用户访问的持续时间中对应用程序的所有页都可用。阶段变量还可以提供一种超时形式的安全对象，这种对象在用户账户长时间不活动的情况下，终止该用户的会话。如果用户忘记从Web站点注销，这种对象还会释放服务器内存和处理资源。在网页中加入PHP调用阶段变量的代码如下：

```php
<?php
    $ID=@ $_SESSION[ID];
    if(@ $_SESSION['username']!=''){
    echo "用户:$_SESSION[username]欢迎您";
    }
```

效果如图4-31所示，这样就完成了显示登录用户名"阶段变量"的添加工作。

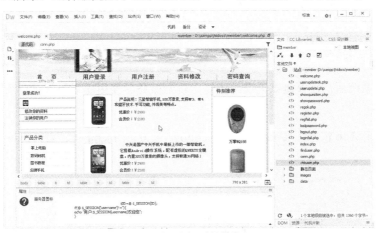

图 4-31 插入后的效果

步骤03 在"文档"窗口中拖动鼠标选中"注销你的用户"文本。在"注销你的用户"链接文本对应的"属性"面板中将"链接"属性值设为logout.php，如图4-32所示。

图 4-32 属性面板设置

步骤04 logout.php的页面设计比较简单，不作详细说明，在页面中的"这里"处指定一个链接到首页index.php就可以了，效果如图4-33所示。

图 4-33　注销用户页面设计效果图

步骤05 退出登录的PHP命令很简单，如下所示：

```php
<?php
session_start();
session_destroy();
//清空阶段变量，退出用户登录
?>
```

步骤06 执行菜单栏"文件"→"保存"命令，将该文档保存到本地站点中。编辑工作完成后，就可以测试该用户登录系统的执行情况了。文档中的"修改你的资料"链接到userupdate.php页面，此页面将在后面的小节中进行介绍。

4.2.3　测试登录功能

制作好一个系统后，需要测试无误，才能上传到服务器使用。下面就对登录系统进行测试，测试的步骤如下：

步骤01 打开浏览器，在地址栏中输入http://127.0.0.1/member/，打开index.php页面，如图4-34所示。

图 4-34　打开的网站首页

步骤02 在"用户名"和"密码"文本框中输入用户名及密码，输入完毕，单击"登录"按钮。

步骤03　如果在第2步中填写的登录信息是错误的，或者根本就没有输入，浏览器就会转到登录失败页面loginfail.php，显示登录失败的信息，如图4-35所示。

图 4-35　登录失败页面 loginfail.php 效果

步骤04　如果输入的用户名和密码都正确，则显示登录成功页面。登录成功后的页面如图4-36所示，其中显示了用户名admin。

图 4-36　登录成功页面 welcome.php 效果

步骤05　如果想注销用户，只需要单击"注销你的用户"超链接即可，注销用户后，浏览器就会转到页面logout.php，然后单击"这里"回到首页，如图4-37所示。至此，登录功能就测试完成了。

图 4-37　注销用户页面

4.3　用户注册功能

用户登录系统是为数据库中已有的老用户登录用的，一个用户管理系统还应该提供为新用户注册用的页面，对于新用户来说，通过单击index.php页面上的"用户注册"超链接，进入到名为register.php的页面，在该页面可以实现新用户的注册功能。

4.3.1　用户注册页面

register.php页面主要是实现用户注册的功能，用户注册的操作就是向数据库的member表中添加记录的操作，完成的页面如图4-38所示。

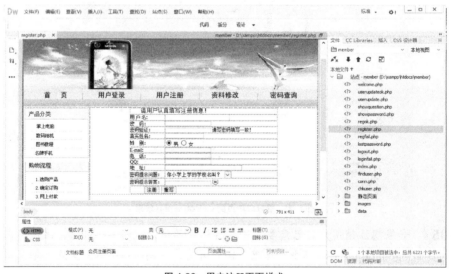

图 4-38　用户注册页面样式

步骤01 执行菜单栏"文件"→"新建"命令，在网站根目录下新建一个名为register.php的网页并保存。

步骤02 在Dreamweaver中，使用制作静态网页的工具完成如图4-39所示的静态部分。这里要说明的是，注册时需要加入一个"隐藏域"并命名为authority，设置默认值为0，即所有的用户注册时默认是一般访问用户。

请用户认真填写注册信息！

用户名:		
密　码:		
密码验证:		请写密码填写一致！
真实姓名:		
姓　别:	◉男 ○女	
E-mail:		
电　话:		
QQ:		
地　址:		
密码提示问题:	你小学上学的学校名叫？ ▾	
密码提示答案:		

注册　重写

图 4-39　register.php 页面静态设计

注意

　　在为表单中的文本域对象命名时，由于表单对象中的内容将被添加到member表中，可以将表单对象中的文本域名设置得与数据库中的相应字段名相同，这样做的目的是当该表单中的内容添加到member表中时会自动配对，文本"重复密码"对应的文本框命名为password1。隐藏域是用来收集或发送信息的不可见元素，对于网页的访问者来说，隐藏域是看不见的。当表单被提交时，隐藏域就会将信息用设置时定义的名称和值发送到服务器上。

步骤03　　还需要设置一个验证表单的动作，用来检查访问者在表单中填写的内容是否满足数据库中表member中字段的要求。在将用户填写的注册资料提交到服务器之前，就会对用户填写的资料进行验证。如果有不符合要求的信息，可以向访问者显示错误的原因，并让访问者重新输入。在表单提交时加入一个onSubmit="return chkinput(this)"命令，在body前面加入表单验证的JavaScript代码，该验证基本包括了目前所有表单的验证功能，包括不能空、密码重复验证、邮箱验证等，具体的代码如下：

```
<script language="javascript">
 function chkinput(form)
 {
   if(form.username.value=="")
{
 alert("请输入昵称!");
 form.username.select();
 return(false);
}
if(form.password.value=="")
{
 alert("请输入注册密码!");
 form.password.select();
 return(false);
}
   if(form.password1.value=="")
{
```

```
    alert("请输入确认密码!");
    form.password1.select();
    return(false);
    }
if(form.password.value.length<6)
    {
    alert("注册密码长度应大于6!");
    form.password.select();
    return(false);
    }
if(form.password.value!=form.password1.value)
    {
    alert("密码与重复密码不同!");
    form.password1.select();
    return(false);
    }
    if(form.truename.value=="")
    {
    alert("请输入真实姓名!");
    form.truename.select();
    return(false);
    }
if(form.sex.value=="")
    {
    alert("请选择性别!");
    form.sex.select();
    return(false);
    }

    if(form.email.value=="")
    {
    alert("请输入电子邮箱地址!");
    form.email.select();
    return(false);
    }
if(form.email.value.indexOf('@')<0)
    {
    alert("请输入正确的电子邮箱地址!");
    form.email.select();
    return(false);
    }
    if(form.tel.value=="")
    {
    alert("请输入联系电话!");
    form.tel.select();
    return(false);
    }
if(form.QQ.value=="")
    {
    alert("请输入QQ号!");
    form.QQ.select();
    return(false);
    }
```

```
 if(form.address.value=="")
 {
 alert("请输入家庭住址!");
 form.address.select();
 return(false);
 }
if(form.question.value=="")
 {
 alert("请选择密码提示答案!");
 form.question.select();
 return(false);
 }
 if(form.answer.value=="")
 {
 alert("请输密码提示答案!");
 form.answer.select();
 return(false);
 }
 return(true);
 }
</script>
```

本例中，用户名是用户登录的身份标志，用户名是不能够重复的，所以在添加记录之前，一定要先在数据库中判断该用户名是否存在，如果存在，则不能进行注册。同时我们设置username文本域、password文本域、password1文本域、answer文本域、truename文本域、address文本域为"值：必需的""可接受：任何东西"，即这几个文本域必须填写，内容不限，但不能为空；tel文本域和QQ文本域设置的验证条件为"值：必需的""可接受：数字"，表示这2个文本域必须填写数字，不能为空；Email文本域的验证条件为"值：必需的""可接受：电子邮件地址"，表示该文本域必须填写电子邮件地址，且不能为空。

步骤04　完成对检查表单的验证设置之后，将<form>表单提交到regok.php网页进行进一步的验证并写入MySQL数据库。代码如下：

```
<form   action="regok.php"   method="POST"   name="form1"   onSubmit="return
chkinput(this)">
```

4.3.2　注册成功和失败

为了方便用户登录，应该在regok.php页面中设置一个转到index.php页面的文字链接，以方便用户进行登录。同时，为了方便访问者重新进行注册，则应该在regfail.php页面设置一个转到register.php页面的文字链接，以方便用户进行重新注册。本小节制作显示注册成功和失败的页面信息。

步骤01　执行菜单栏"文件"→"新建"命令，在网站根目录下新建一个名为regok.php的网页并保存。

步骤02　regok.php页面如图4-40所示。制作比较简单，其中将文本"这里"设置为指向index.php页面的链接。

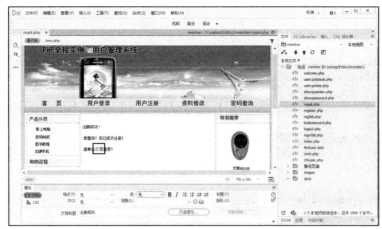

图 4-40   注册成功 regok.php 页面

步骤**03**　表单的数据提交到regok.php网页时需要将数据先插入到数据库，使用PHP的insert into语句实现，具体的代码如下：

```php
<?php
include("conn.php");
  $username=$_POST['username'];
  $sql1=mysqli_query($conn,"select * from member where username='".$username."'");
    $info1=mysqli_fetch_array($sql1);
     if($info1==true)
     {
       echo "对不起,该昵称已被占用!";
     header("location: regfail.php");
     }
     else
     {
//接收表单变量
  $username=$_POST['username'];
  $password=$_POST['password'];
  $question=$_POST['question'];
  $answer=$_POST['answer'];
  $truename=$_POST['truename'];
  $sex=$_POST['sex'];
  $address=$_POST['address'];
  $tel=$_POST['tel'];
  $QQ=$_POST['QQ'];
  $email=$_POST['email'];
  $authority=0;
//设置字段名称并对应插入数据库
  mysqli_query($conn,"insert into member (username,password,question,answer,
truename,sex,address,tel,QQ,email,authority)  values ('$username','$password',
'$question','$answer','$truename','$sex','$address','$tel','$QQ','$email','$au
thority')");
  ?>
```

再执行菜单栏"文件"→"保存"命令，将该文档保存到本地站点中，完成本页的制作。

步骤**04**　如果用户输入的注册信息不正确或用户名已经存在，则应该向用户显示注册失败的信息。这里再新建一个regfail.php页面，该页面的设计如图4-41所示。其中将文本"这里"设置为指向register.php页面的链接。

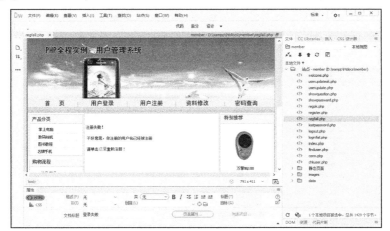

图 4-41　注册失败 regfail.php 页面

4.3.3　注册功能的测试

设计完成后，就可以测试该用户注册功能的执行情况。

步骤01　打开浏览器，在地址栏中输入http://127.0.0.1/member/register.php，打开register.php文件，如图4-42所示。

图 4-42　打开的测试页面

步骤02　可以在该注册页面中输入一些不正确的信息，如漏填用户名、密码等必填字段，或填写非法的E-mail地址，或在确认密码时两次输入的密码不一致，以测试网页中验证表单动作的执行情况。如果填写的信息不正确，则浏览器应该打开提示信息框，向访问者显示错误原因，如图4-43所示是一个提示信息框示例。

图 4-43　出错提示

步骤03 　在该注册页面中注册一个已经存在的用户名，可以输入design，用来测试新用户服务器行为的执行情况。然后单击"确定"按钮，此时由于用户名已经存在，浏览器会自动转到regfail.php页面（如图4-44所示），告诉访问者该用户名已经存在。此时，访问者可以单击"这里"链接文本，返回register.php页面，以便重新进行注册。

图 4-44　注册失败页面显示

步骤04 　在该注册页面中填写正确的注册信息，单击"确定"按钮。由于这些注册资料完全正确，而且这个用户名没有重复，浏览器会转到regok.php页面，向访问者显示注册成功的信息，如图4-45所示。此时，访问者可以单击"这里"链接文本，转到index.php页面，以便进行登录。

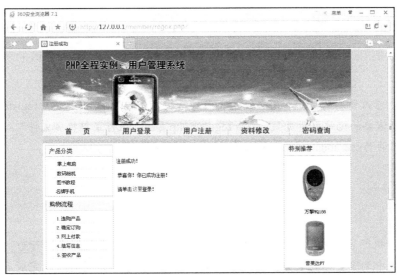

图 4-45　注册成功页面

在MySQL中打开用户数据库文件member，查看其中的member表对象的内容。此时可以看到，在该表的最后创建了一条新记录，其中的数据就是刚才在网页register.php中提交的注册用户的信息，如图4-46所示。

图 4-46　向 member 表中添加了一条新记录

至此，基本完成了用户管理系统中注册功能的开发和测试。在制作的过程中，可以根据制作网站的需要适当加入其他更多的注册文本域，也可以给需要注册的文本域名称部分添加星号（*），提醒用户注册时注意。

4.4　修改用户资料

修改注册用户资料的过程就是使用户数据表更新记录的过程，本节重点介绍如何在用户管理系统中实现用户资料的修改功能。

4.4.1 修改资料页面

该页面主要把用户所有资料都列出，通过"更新记录"命令实现资料修改的功能。具体的制作步骤如下：

步骤01 修改资料的页面和用户注册页面的结构十分相似，可以通过对 register.php 页面的修改来快速得到所需要的记录更新页面。打开 register.php 页面，执行菜单栏"文件"→"另存为"命令，将该文档另存为 userupdate.php，并在第一行加入如下代码：

```php
<?php
  session_start();
?>
// 启动session环境
```

步骤02 执行菜单栏"窗口"→"服务器行为"命令，打开"服务器行为"面板。在"服务器行为"面板中删除全部的服务器行为并修改其相应的文字，该页面修改完成后显示如图4-47所示。

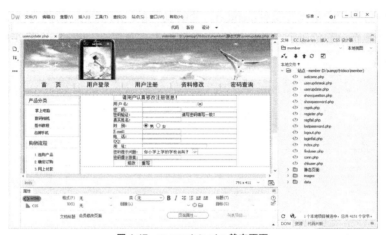

图 4-47　userupdate.php 静态页面

步骤03 需要根据传递过来的用户身份做一个查询，并将一些已经注册的信息绑定到网页的相关字段上，查询的代码如下：

```php
<?php
$ID=@ $_GET['ID'];
$sql=mysqli_query($conn,"select * from member where ID='$ID'");
  $info=mysqli_fetch_array($sql);
?>
```

步骤04 完成记录集字段绑定到页面相应的位置上，注意插入一个隐藏域为id，设置在用户名字段的后面，如图4-48所示。其中性别单选按钮的查询绑定方法如下：

```
//判断传过来的值是男则"男"单选按钮选中，如果是"女"则女单选按钮选中。
<input type="radio" name="sex" value="男" <?php if ($info['sex']=='男') echo
"checked" ;?> />男
  <input type="radio" name="sex" value="女" <?php if ($info['sex']=='女') echo
"checked" ;?> />女
```

图 4-48　绑定动态内容后的 userupdate.php 页面

步骤05　最后将<form>表单提交到"userupdateok.php网页进行进一步的验证并写入MySQL数据库。代码如下：

```
<form action="userupdateok.php" method="POST" name="form1">
```

4.4.2　更新成功页面

用户修改注册资料成功后，就会转到userupdateok.php。具体的制作步骤如下：

步骤01　执行菜单栏"文件"→"新建"命令，在网站根目录下新建一个名为userupdateok.php的网页并保存，在第一行加入如下代码：

```php
<?php
 session_start();
?>
// 启动session环境
<?php
 $ID=$_POST['ID'];
 $username=$_POST['username'];
 $password=$_POST['password'];
 $question=$_POST['question'];
 $answer=$_POST['answer'];
 $truename=$_POST['truename'];
 $sex=$_POST['sex'];
 $address=$_POST['address'];
 $tel=$_POST['tel'];
 $QQ=$_POST['QQ'];
 $email=$_POST['email'];
 $authority=0;
 mysqli_query($conn,"update  member  set  username='$username',password=
'$password',question='$question',truename='$truename',sex='$sex',address='$add
ress',answer='$answer',tel='$tel',QQ='$QQ',email='$email',authority='0'   where
ID='".$_POST['ID']."'");
 ?>
```

步骤02 在该网页中，应该向用户显示资料修改成功的信息。除此之外，还应该考虑两种情况，如果用户要继续修改资料，则为其提供一个返回到userupdate.php页面的超文本链接；如果用户不需要修改，则为其提供一个转到用户登录页面，即index.php页面的"首页"超文本链接，更新成功的页面如图4-49所示。

图 4-49　更新成功的页面

4.4.3　修改资料测试

编辑工作完成后，就可以测试该修改资料功能的执行情况，测试的步骤如下：

步骤01 打开浏览器，在地址栏中输入http://127.0.0.1/member/index.php，打开index.php文件，在该页面中进行登录。登录成功后进入welcome.php页面，在welcome.php页面单击"修改你的资料"超链接，转到userupdate.php页面，如图4-50所示。

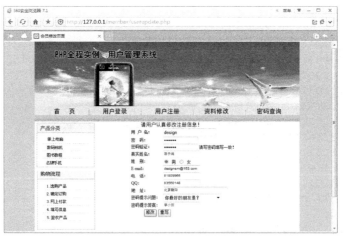

图 4-50　修改 design 用户注册资料

步骤02 在该页面中进行一些修改，然后单击"修改"按钮将修改结果发送到服务器中。当用户记录更新成功后，浏览器会转到userupdateok.php页面中，显示修改资料成功的信息，同时还显示了该用户修改后的资料信息，并提供转到更新成功页面和转到主页面的链接对象，这里对"真实姓名"进行了修改，单击"重新修改"按钮转到更新成功页面，效果如图4-51所示。

图 4-51　更新成功

上述测试结果表明，用户修改资料页面已经制作成功。

4.5　查询密码功能

通常会为用户注册页面设计问题和答案文本框，它们的作用是当用户忘记密码时，可以通过这个问题和答案到服务器中找回遗失的密码。实现的方法是判断用户提供的答案和数据库中答案是否相同，如果相同，则可以找回遗失的密码。

4.5.1　查询密码页面

本小节主要制作密码查询页面lostpassword.php，具体的制作步骤如下：

步骤01　执行菜单栏"文件"→"新建"命令，在网站根目录下新建一个名为lostpassword.php的网页并保存。lostpassword.php页面是用来让用户提交要查询遗失密码的用户名的页面，该网页的结构比较简单，设计后的效果如图4-52所示。

图 4-52　lostpassword.php 页面

步骤02 在"文档"窗口中选中表单对象,然后在其对应的"属性"面板中,在"表单ID"文本框中输入form1,在"动作"文本框中输入showquestion.php作为该表单提交的对象页面。在"方法"下拉列表框中选择POST选项作为该表单的提交方式,接下来将输入用户名的文本域,命名为username,分别如图4-53和图4-54所示。

图 4-53 设置表单提交的动态属性

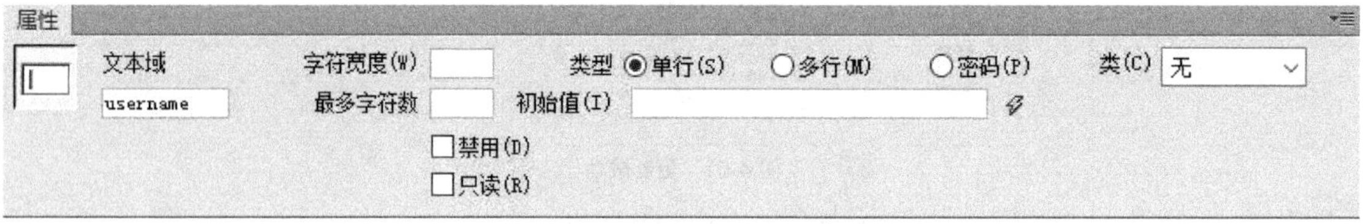

图 4-54 设置用户名文本域属性

其中,表单属性设置面板中的主要选项作用如下:

- 表单ID:在"表单ID"文本框中输入标识该表单的唯一名称,命名表单后就可以使用脚本语言引用或控制该表单。如果不命名表单,则 Dreamweaver 使用语法 form1、form2、……生成一个名称,并在向页面中添加每个表单时递增n的值。
- 方法:在"方法"下拉列表框中,选择将表单数据传输到服务器的方法。
  - ➢ POST:该方法将在 HTTP 请求中嵌入表单数据。
  - ➢ GET:该方法将表单数据附加到请求该页面的URL中,是默认设置,但其缺点是表单数据不能太长,所以本例选择POST方法。
- 目标:"目标"下拉列表框用于指定返回窗口的显示方式。各目标值含义如下:
  - ➢ _blank:在未命名的新窗口中打开目标文档。
  - ➢ _parent:在显示当前文档的窗口的父窗口中打开目标文档。
  - ➢ _self:在提交表单所使用的窗口中打开目标文档。
  - ➢ _top:在当前窗口的窗体内打开目标文档。此值可用于确保目标文档占用整个窗口,即使原始文档显示在框架中。

用户在lostpassword.php页面中输入用户名,并单击"提交"按钮后,这时会通过表单将用户名提交到showquestion.php页面中,该页面的作用就是根据用户名从数据库中找到对应的提示问题并显示在showquestion.php页面中,使用户可以在该页面中输入问题的答案。下面就制作显示问题的页面。

步骤03 新建一个文档。设置好网页属性后,输入网页标题"查询问题",执行菜单栏"文件"→"保存"命令,将该文档保存为showquestion.php。

步骤04 在Dreamweaver CC 2017中制作静态网页,完成的效果如图4-55所示。

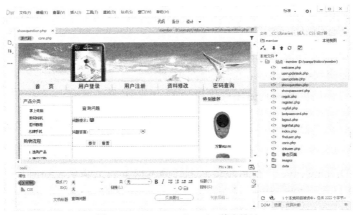

图 4-55　showquestion.php 静态设计

步骤05 返回到"代码"窗口，输入查询数据库命令：

```php
<?php
$username=$_POST['username'];
$sql=mysqli_query($conn,"select * from member where username='".$username."'");
$info=mysqli_fetch_array($sql);
  if($info==false)
  {
    echo "<script>alert('无此用户!');history.back();</script>";
    exit;
  }
  else
  {
    echo $info['question'];
  }

?>
```

步骤06 最后将"问题提示"的相关字段绑定到网页中，并绑定传给下一页的隐藏字段，如图4-56所示。

```php
//绑定隐藏字段传递给下一页用于识别身份。
<input type="hidden" name="username" value="<?php echo $username;?>">
```

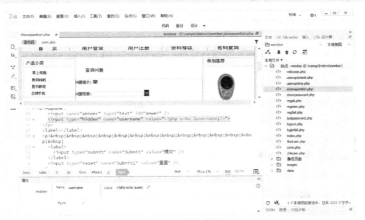

图 4-56　绑定字段

4.5.2　完善查询功能

当用户在showquestion.php页面中输入答案，单击"提交"按钮后，服务器就会把用户名和密码提示问题的答案提交到showpassword.php页面中。

下面介绍如何设计该页面，具体制作步骤如下：

步骤01　执行菜单栏"文件"→"新建"命令，在网站根目录下新建一个名为showpassword.php的网页并保存。

步骤02　在Dreamweaver中使用提供的制作静态网页的工具完成如图4-57所示的静态部分。

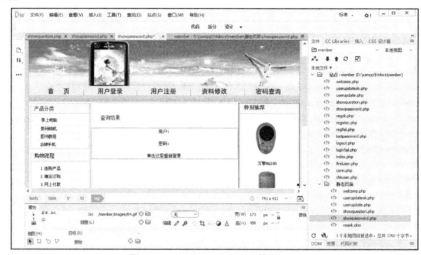

图 4-57　showpassword.php 静态设计

步骤03　设置记录集查询命令：

```php
<?php
include("conn.php");
$username=$_POST['username'];
$answer=$_POST['answer'];
//按上一页传递过来的用户名查询答案
$sql=mysqli_query($conn,"select * from member where username='".$username."'");
$info=mysqli_fetch_array($sql);
if($info['answer']!=$answer)
{
  echo "<script>alert('提示答案输入错误!');history.back();</script>";
 exit;
}
else
{
?>
```

步骤04　将记录集中username和password两个字段分别添加到网页中，如图4-58所示。

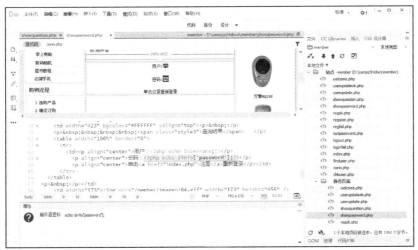

图 4-58　加入的记录集效果

4.5.3　查询密码功能测试

开发完成查询密码的功能之后，就可以测试执行的情况，进行测试的步骤如下：

步骤01　启动浏览器，在地址中输入http://127.0.0.1/member/index.php，打开index.php首页，单击该页面中的"找回密码"超链接进入找回密码页面，如图4-59所示。

图 4-59　输入要查询的用户名

步骤02　当用户进入密码查询页面lostpassword.php后，输入并向服务器提交自己注册的用户名信息。若输入不存在的用户名并单击"提交"按钮，则会显示用户名不存在的错误信息，如图4-60所示。

图 4-60 输入用户不存在

步骤03 如果输入一个数据库中已经存在的用户名，然后单击"提交"按钮。浏览器会自动转到showquestion.php页面，如图4-61所示。接着在showquestion.php页面中输入问题答案，测试showquestion.php网页的执行情况。

图 4-61 showquestion.php 网页效果图

步骤04 在这里可以先输入一个错误的答案，检查showpassword.php是否能够显示问题答案不正确时的错误信息，如图4-62所示。

图 4-62 出错信息

步骤05 如果在showquestion.php网页中输入正确的答案，并单击"提交"按钮后，浏览器就会转到showpassword.php页面，并显示出该用户的密码，如图4-63所示。

图 4-63　showpassword.php 页面

上述测试结果表明，密码查询系统已经测试成功。用户管理系统的常用功能都已经设计并测试成功，读者如果需要将其应用到其他的网站上，只需要修改一些相关的文字说明及背景效果，就可以完成用户管理系统的制作，在注册的字段采集时也可以根据网站的需求进一步增加数据表字段的值。

第5章

全程实例三：新闻管理系统

新闻管理系统主要实现对新闻的分类，发布，模拟了一般新闻媒介的发布的过程。新闻管理系统的作用就是在网上传播信息，通过对新闻的不断更新，让用户及时了解行业信息、企业状况以及需要了解的一些知识。PHP实现这些功能相对比较简单，涉及的主要操作就是访问者的新闻查询功能，系统管理员对新闻的新增、修改、删除功能，技术难点在于如何在同一个页面上同时建立多个查询记录集并分别显示应用，并能够使用like命令实现关键词的查询功能。本章就介绍使用PHP开发一个新闻系统的方法。

本章的学习重点：

- 新闻管理系统网页结构的整体设计
- 新闻系统数据库的规划
- 新闻管理系统前台新闻的发布功能页面的制作
- 新闻管理系统分类功能的设计
- 新闻管理系统后台新增、修改、删除功能的实现

5.1　新闻管理系统的规划

使用PHP开发的新闻管理系统，在技术上主要体现为如何在首页上显示新闻内容，以及对新闻及新闻分类的修改和删除。一个完整的新闻管理系统共分为两大部分动态网页，一个是访问者访问新闻的动态网页，另一个是后台管理者对新闻进行编辑的动态网页。

5.1.1　系统的页面设计

在本地站点上建立站点文件夹news，用于存放将要制作的新闻管理系统文件夹和文件，如图5-1所示。

图 5-1　站点规划文件夹和文件

本系统页面共有18个，整体系统页面的功能与文件名称如表5-1所示。

表5-1　新闻管理系统网页功能

页面	功能
index.php	显示新闻分类和最新新闻页面
type.php	显示新闻分类中的新闻标题页面
newscontent.php	显示新闻内容页面
admin_login.php	管理者登录页面
admin.php	管理新闻主要页面
chkadmin.php	管理者登录验证
news_add.php	增加新闻的页面
saveadd.php	保存增加新闻的动态页面
news_upd.php	更新新闻的页面
saveupdate.php	保存更新新闻动态页面
news_del.php	删除新闻的页面
savedel.php	保存新闻删除动态页面
type_add.php	增加新闻分类的页面

（续表）

页面	功能
type_add_save.php	保存分类存储动态页面
type_upd.php	更新新闻分类的页面
type_upd_save.php	保存更新新闻动态页面
type_del.php	删除新闻分类的页面
type_del_save.php	保存删除新闻动态页面

5.1.2 系统的美工设计

本新闻管理系统实例在色调上选择蓝色作为主色调，网页的美工设计相对比较简单，创意为一个人在读取国内外的新闻，完成的新闻系统首页index.php效果如图5-2所示。

图 5-2 首页 index.php 效果图

新闻管理系统的后台也是重要的，实例登录后台的效果如图5-3所示。

图 5-3 后台管理页面效果图

5.2 系统数据库的设计

制作一个新闻管理系统，首先要设计一个存储新闻内容、管理员账号和密码的数据库文件，方便管理人员对新闻数据信息进行管理和完善。

5.2.1　新闻数据库设计

新闻管理系统需要一个用来存储新闻标题和新闻内容的新闻信息表 news，还要建立一个新闻分类表 newstype 和一个管理信息表 admin。

制作的步骤如下：

步骤01　在phpMyAdmin中建立数据库news，单击 **数据库** 命令打开本地的"数据库"管理页面，在"新建数据库"文本框中输入数据库的名称news，单击后面的数据库类型下拉按钮，在弹出的下拉列表框中选择utf8_general_ci选项，单击"创建"按钮，返回"常规设置"页面，在数据库列表中就已经建立了news的数据库，如图5-4所示。

图 5-4　创建 news 数据库

步骤02　单击左边的news数据库将其连接上，打开"新建数据表"页面，分别输入数据表名news、newstype和admin即创建3个数据表。创建的news数据表如图5-5所示。

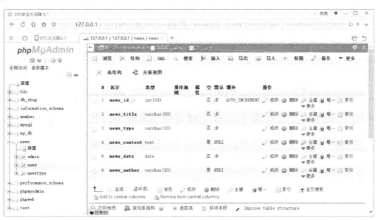

图 5-5　创建的 news 数据表

输入数据域名以及设置数据域位的相关数据，数据表news的字段说明如表5-2所示。

表5-2 新闻数据表news

意义	字段名称	数据类型	字段大小	必填字段
新闻编号	news_id	int	20	是
新闻标题	news_title	varchar	50	是
新闻分类编号	news_type	varchar	20	是
新闻内容	news_content	text		
新闻加入时间	news_date	date		是
新闻作者	news_author	varchar	20	

步骤03 创建的newstype数据表用于存储新闻分类用，输入数据域名以及设置数据域位的相关数据，如图5-6所示。

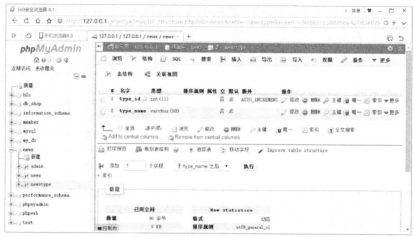

图 5-6 newstype 数据表

newstype数据表的字段及说明如表5-3所示。

表5-3 新闻分类数据表newstype

意义	字段名称	数据类型	字段大小	必填字段
分类编号	type_id	int	11	是
分类名称	type_name	varchar	50	是

步骤04 创建的admin数据表用于后台管理者登录验证使用，输入数据域名以及设置数据域位的相关数据，如图5-7所示。

admin数据表的字段及说明如表5-4所示。

表5-4 管理信息数据表admin

意义	字段名称	数据类型	字段大小	必填字段
主题编号	id	自动编号	长整型	
用户名	username	文本	50	是
密码	password	文本	50	是

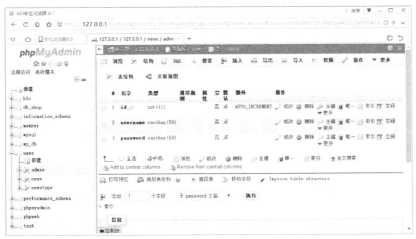

图 5-7　创建的 admin 数据表

在创建上述的3个数据表时，其中有涉及新闻保存时的时间保存问题，使用PHP实现获取系统默认即时时间，可以使用两种方法，一种是在网页PHP中用date()和time()函数实现，另一种是直接在MySQL数据库中添加Now()函数来获取当前时间，考虑到因为后期数据量大需要减少服务器的工作量，我们优先采用在网页使用PHP获取时间的方法，具体的实现方法在新增新闻页面的设计时会讲到。

5.2.2　创建系统站点

在Dreamweaver CC 2017中创建一个"新闻管理系统"网站站点news，由于这是PHP数据库网站，因此必须设置本机数据库和测试服务器，主要的设置如表5-5所示。

表5-5　站点设置参数

站点名称	news
本机根目录	D:\xampp\htdocs\news
测试服务器	D:\xampp\htdocs\
网站测试地址	http://127.0.0.1/news
MySQL服务器地址	D:\xampp\mysql\data\news
管理账号 / 密码	root / 空
数据库名称	news

创建news站点的具体操作步骤如下：

步骤01 首先在D:\xampp\htdocs路径下建立news文件夹（如图5-8所示），系统所有建立的网页文件都将放在该文件夹下。

图 5-8　建立站点文件夹 news

步骤02　运行 Dreamweaver CC 2017，执行菜单栏中的"站点"→"管理站点"命令，打开"管理站点"对话框，如图5-9所示。

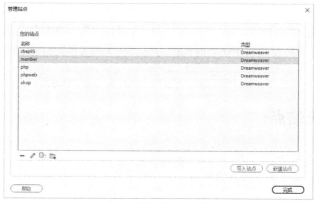

图 5-9　"管理站点"对话框

步骤03　对话框的上边是站点列表框，其中显示了所有已经定义的站点。单击右下角的"新建站点"按钮，打开"站点设置对象"对话框，进行如图5-10所示的参数设置。

图 5-10　建立 news 新闻站点

步骤04 单击列表框中的"服务器"选项，并单击"添加服务器"按钮➕，打开"基本"
选项卡，进行如图5-11所示的参数设置。

图 5-11 "基本"选项卡设置

步骤05 设置后再单击"高级"选项卡，打开"高级"服务器设置对话框，选中"维护同
步信息"复选框，在"服务器模型"下拉列表框中选择PHP MySQL选项，表示是使用PHP开发的
网页，其他的保持默认值，如图5-12所示。

图 5-12 设置"高级"选项卡

步骤06 单击"保存"按钮，返回"服务器"设置界面，选中"测试"单选按钮，如图5-13
所示。

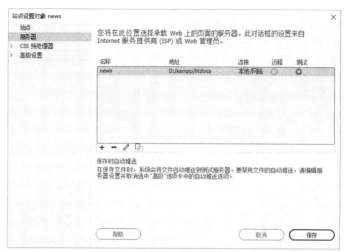

图 5-13　选择"测试"单选按钮

步骤07　单击"保存"按钮，则完成站点的定义设置。在Dreamweaver CC 2017中就已经拥有了刚才所设置的站点news。单击"完成"按钮，关闭"管理站点"对话框，这样就完成了在Dreamweaver CC 2017中测试新闻管理系统网页的网站环境设置。

5.2.3　数据库连接

建立站点后，要在Dreamweaver CC 2017中连接news数据库，连接新闻管理系统与数据库的步骤如下：

步骤01　将设计的本章静态文件复制到站点文件夹下，新建立conn.php页面，输入连接news的代码，如图5-14所示。

图 5-14　建立数据库 news 的连接代码

```php
<?php
//建立数据库连接;
 $conn=mysqli_connect("localhost","root","","news");
//设置字符为utf-8, @抑制字符变量的声明提醒。
```

```php
@ mysqli_set_charset ($conn,utf8);
@ mysqli_query($conn,utf8);
//如果连接错误显示错误原因。
if (mysqli_connect_errno($conn))
{
    echo "连接 MySQL 失败: " . mysqli_connect_error();
}
?>
```

步骤02　设置"连接名称"为news、"MySQL服务器"名为localhost、"用户名"为root、密码为空。

5.3 新闻系统页面

新闻管理系统前台部分主要有 3 个动态页面，分别是用来访问的首页新闻主页面 index.php，新闻分类信息页面 type.php，新闻详细内容页面 newscontent.php。

5.3.1 新闻系统主页面设计

在本小节中主要介绍新闻管理系统的主页面 index.php 的制作，在 index.php 页面中主要有显示最新新闻的标题，加入时间，显示新闻分类，单击新闻中的分类进入分类子页面查看新闻等功能。

制作的步骤如下：

步骤01　打开刚创建的index.php页面，输入网页标题"新闻首页"，执行菜单栏"文件"→"保存"命令将网页保存。

步骤02　单击创建表格的第1行单元格，输入文字"新闻分类"，接下来用"绑定"标签，将网页所需要的新闻分类数据字段绑定到网页中。index.php这个页面使用的数据表是news和newstype，首先建立新闻分类的"记录集（查询）"命令，由于要在index.php这个页面中显示数据库中所有新闻分类的标题，因此需要加入数据循环遍历所有newstype中的数据：

```php
<?php
$sql2=mysqli_query($conn,"select * from newstype order by type_id asc");
//设置newstype数据表按ID升序排序查询出所有数据
    while($info2=mysqli_fetch_array($sql2))
//使用mysqli_fetch_array获取所有记录集，并定义为$info2
    {
?>
```

步骤03　设置记录集后，将记录集的相关字段插入至index.php网页的适当位置。除了显示网站中所有新闻分类标题外，还要提供访问者感兴趣的新闻分类标题链接来实现详细内容的阅读，为了实现这个功能首先要选取编辑页面中的新闻分类标题字段，然后加入跳转至type.php网页并传递type_id值。

```html
<a href="type.php?type_id=<?php echo $info2['type_id'];?>">
```

```
<?php echo $info2['type_name'];?>
</a>
```

步骤04 主页面index.php中新闻分类的制作已经完成，接下来完成最新新闻的页面设计，效果如图5-15所示。

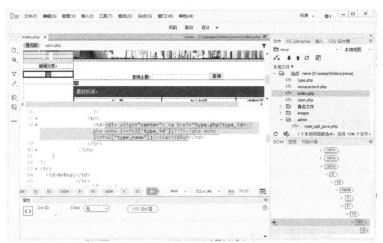

图 5-15 设计结果效果图

步骤05 先制作中间"最新新闻"的显示并分页，编写代码的方法和前几章节从数据库中查询并创建"记录集（查询）"，最后进行分页的命令是一样的：

```php
<?php
$sql=mysqli_query($conn,"select count(*) as total from news ");
 //建立统计有记录集总数查询
   $info=mysqli_fetch_array($sql);
 //使用mysqli_fetch_array获取所有记录集
   $total=$info['total'];
 //定义变量$total值为记录集的总数
   if($total==0)
   {
     echo "本系统暂无任何查询数据!";
   }
 //如果记录总数为0则显示无数据
   else
   {
   ?>
```

步骤06 由于最新新闻这个功能，除了显示网站中部分新闻外，还要提供访问者感兴趣的新闻标题链接至详细内容来阅读，首先选取"查看"文字，如图5-16所示。

图 5-16 选择新闻分类标题"查看"

步骤07 在"属性"面板中找到建立链接的部分，并单击"浏览文件"图标，在弹出的对话框中选择用来显示详细记录信息的页面newscontent.php，如图5-17所示。

图 5-17 选择链接文件

步骤08 单击"确定"按钮，设置超级链接要附带的URL参数的名称与值`<a href="newscontent.php?news_id=<?php echo $info1['news_id'];?>">查看</a>`。将参数名称命名为news_id，如图5-18所示。

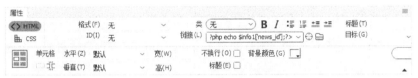

图 5-18 "动态数据"对话框

步骤09 当记录集超过一页，就必须要有"上一页""下一页"等按钮或文字，让访问者可以实现翻页的功能，这就是"记录集分页"的功能。

```php
<table width="583" border="0">
<tr>
 <td>共有数据
 <?php
echo $total;//显示总页数
?>
 条，每页显示 <?php echo $pagesize;//打印每页显示的总条数; ?> 条，
  第  <?php echo $page;// 显示当前页码; ?>  页 / 共  <?php echo
$pagecount;//打印总页码数 ?> 页:
 <?php
if($page>=2)
//如果页码数大于等于2则执行下面程序
 {
 ?>
 <a href="index.php?page=1" title="首页"><font face="webdings"> 9 </font></a> /
<a href="index.php?id=<?php echo $id;?>&amp;page=<?php echo $page-1;?>" title="
前一页"><font face="webdings"> 7 </font></a>
 <?php
 }
 if($pagecount<=4){
//如果页码数小于等于4执行下面程序
 for($i=1;$i<=$pagecount;$i++){
```

```
?>
<a href="index.php?page=<?php echo $i;?>"><?php echo $i;?></a>
<?php
        }
     }else{
     for($i=1;$i<=4;$i++){
     ?>
<a href="index.php?page=<?php echo $i;?>"><?php echo $i;?></a>
<?php }?>
<a href="index.php?page=<?php echo $page-1;?>" title="后一页"><font face=
"webdings"> 8 </font></a> <a href="index.php?id=<?php echo $id;?>&amp;page=<?php
echo $pagecount;?>" title="尾页"><font face="webdings"> : </font></a>
<?php }?></td>
     </tr>
  </table>
```

步骤10 index.php这个页面需要加入"查询"的功能,这样新闻管理系统才不会因日后数据太多而有不易访问的情形发生,设计效果如图5-19所示。

图 5-19 搜索主题设计

利用表单及相关的表单组件来实现以关键词查询数据的功能,需要注意图5-20所示的内容都在一个表单之中,"查询主题"后面的文本框的命名为keyword,"查询"按钮为一个提交表单按钮。

步骤11 在此要将之前建立的记录集sql进行一下更改,打开"拆分"窗口,在原有的SQL语句中加入一段查询功能的语句:

```
where news_title like '%".$keyword."%'
```

那么以前的SQL语句将变成如下所示。

```
$sql=mysqli_query($conn,"select count(*) as total from news where news_title
like '%".$keyword."%'");
```

其中like是模糊查询的运算符,%表示任意字符,而keyword是个变量,代表关键词。

步骤12 切换到代码设计窗口。在页面的前面如下代码:

```
$keyword=$_POST[keyword];
```

定义keyword为表单中keyword的请求变量,如图5-20所示。

步骤13 以上的设置完成后,index.php系统主页面就有查询功能了,先在数据库中加入两条新闻数据,可以按下F12键至浏览器测试一下是否能正确地查询。index.php页面会显示网站中所有的新闻分类主题和最新新闻标题,如图5-21所示。

图 5-20 加入代码

图 5-21 主页面浏览效果图

步骤14 在关键词中输入"新闻二"并单击"查询"按钮，结果显示在查询结果页面中只包含有关"新闻二"的最新新闻主题，这样查询功能就完成了，效果如图5-22所示。

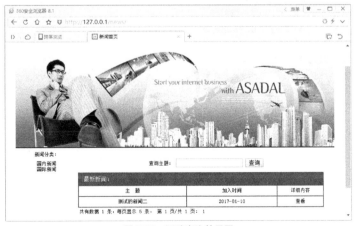

图 5-22 测试查询效果图

5.3.2 新闻分类页面设计

新闻分类页面type.php用于显示每个新闻分类的页面，当访问者单击index.php页面中的任何一个新闻分类标题时就会打开相应的新闻分类页面，新闻分类页面设计效果如图5-23所示。

图 5-23　新闻分类页面效果

详细的操作步骤如下：

步骤01 执行菜单栏"文件"→"新建"命令创建新页面，输入网页标题"新闻分类"，执行菜单栏"文件"→"保存"命令，在站点news文件夹中将该文档保存为type.php。

步骤02 新闻分类页面和首页面中的静态页面设计差不多，在这里不作详细说明。

步骤03 type.php这个页面主要是显示所有新闻分类标题的数据，所使用的数据表是news，使用条件查询来显示"记录集"，创建的命令如下：

```php
<?php
$sql=mysqli_query($conn,"select count(*) as total from news where news_type=
".$type_id."");
//建立统计有记录集总数查询，查询条件为新闻分类的ID为首页传递过来的ID值
$info=mysqli_fetch_array($sql);
//使用mysqli_fetch_array获取所有记录集
$total=$info['total'];
//定义变量$total值为记录集的总数
if($total==0)
 {
  echo "本系统暂无任何查询数据!";
 }
 //如果记录总数为0则显示无数据;
 else
 {

<?php
 $pagesize=5;
 //设置每页显示5条记录
```

```
if ($total<=$pagesize){
$pagecount=1;
//定义$pagecount初始变量为1页;
}
if(($total%$pagesize)!=0){
$pagecount=intval($total/$pagesize)+1;
//取页面统计总数为整数;
}else{
    $pagecount=$total/$pagesize;
}
if((@ $_GET['page'])==""){
    $page=1;
//如果总数小于5则页码显示为1页;
    }else{
    $page=intval($_GET['page']);
//如果大于5条则显示实际的总数;
}
  $sql1=mysqli_query($conn,"select * from news where  news_type=".$type_id."
order by news_id asc limit ".($page-1)*$pagesize.",$pagesize ");
  //设置news数据表按ID升序排序查询出首页传递过来的值;
    while($info1=mysqli_fetch_array($sql1))
  //使用mysqli_fetch_array查询所有记录集，并定义为$info1;
  {
?>
```

步骤04 绑定记录集后，将记录集的字段插入至type.php网页中的适当位置，如图5-24所示。

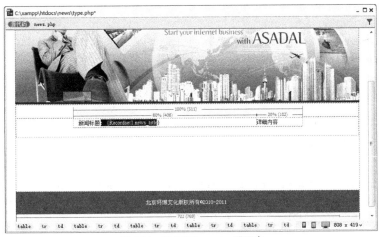

图5-24　插入至 type.php 网页中

步骤05 选取文字"详细内容"，在"属性"面板中找到建立链接的部分，并单击"浏览文件"图标，在弹出的对话框中选择用来显示详细记录信息的页面newscontent.php，如图5-25所示。

步骤06 单击"确定"按钮，设置超级链接要附带的 URL 参数的名称与值 <a href="newscontent.php?news_id=<?php echo $info1['news_id']; ?>">详细内容</a>。将参数名称命名为 news_id，如图5-26所示。

图 5-25　选择链接文件

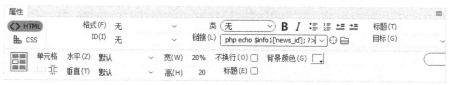

图 5-26　"参数"对话框

步骤07　和首页一样加入记录集分页功能，特别注意所有指向要为本页即type.php这个名称的网页，代码如下：

```php
<?php
echo $total;//显示总页数;
?>
 条，每页显示 <?php echo $pagesize;//打印每页显示的总条数; ?> 条,
  第  <?php echo $page;// 显示当前页码; ?> 页/共  <?php echo
$pagecount;//打印总页码数 ?> 页:
<?php
        if($page>=2)
            //如果页码数大于等于2则执行下面程序
        {
        ?>
<a href="type.php?page=1" title="首页"><font face="webdings"> 9 </font></a> /
<a href="type.php?id=<?php echo $id;?>&amp;page=<?php echo $page-1;?>" title="
前一页"><font face="webdings"> 7 </font></a>
<?php
        }
        if($pagecount<=4){
        //如果页码数小于等于4执行下面程序
        for($i=1;$i<=$pagecount;$i++){
        ?>
<a href="type.php?page=<?php echo $i;?>"><?php echo $i;?></a>
<?php
        }
        }else{
        for($i=1;$i<=4;$i++){
        ?>
```

```
<a href="type.php?page=<?php echo $i;?>"><?php echo $i;?></a>
<?php }?>
<a href="type.php?page=<?php echo $page-1;?>" title="后一页"><font face=
"webdings"> 8 </font></a> <a href="type.php?id=<?php echo $id;?>&amp;page=<?php
echo $pagecount;?>" title="尾页"><font face="webdings"> : </font></a>
<?php
}
?>
```

到这里新闻分类页面type.php的设计与制作就已经完成，编辑完成的页面如图5-27所示。

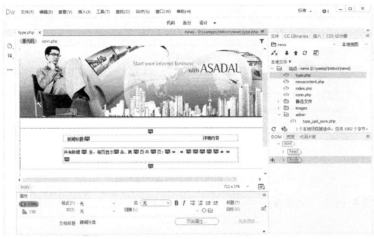

图 5-27　完成设置后的编辑页面

5.3.3　新闻内容页面设计

新闻内容页面newscontent.php用于显示每一条新闻的详细内容，这个页面设计的重点在于如何接收主页面index.php和type.php所传递过来的参数，并根据这个参数显示数据库中相应的数据。新闻内容页面的设计效果如图5-28所示。

图 5-28　新闻内容页面设计效果图

详细的操作步骤如下：

步骤01 执行菜单栏"文件"→"新建"命令创建新页面，执行菜单栏"文件"→"保存"命令，在站点news文件夹中将该文档保存为newscontent.php。

步骤02 新闻内容页面设计和前面的页面设计差不多，效果如图5-29所示。

图 5-29　新闻内容页面设计效果图

步骤03 首先创建"记录集（查询）"，查询的条件为news_id：

```php
<?php
require_once('conn.php');
$news_id=@ $_GET['news_id'];
?>
<?php
$sql=mysqli_query($conn,"select * from news where news_id=".$news_id."");
//建立统计有记录集总数查询，查询条件为新闻分类的ID传递过来的ID值；
$info=mysqli_fetch_array($sql);
//使用mysqli_fetch_array获取所有记录集；
?>
```

步骤04 创建记录集后，将记录集的字段插入至newscontent.php页面中的适当位置，这样就完成了新闻内容页面newscontent.php的设置，如图5-30所示。

图 5-30　绑定字段

5.4　后台管理页面

新闻管理系统的后台管理对于网站很重要，管理者可以由这个后台增加、修改或删除新闻内容和新闻的类型，使网站能随时保持最新、最实时的信息。系统管理登录入口页面的设计效果如图5-31所示。

图 5-31　系统管理入口页面

5.4.1　后台管理登录

后台管理主页面必须受到权限管理，可以利用登入账号与密码来判别是否由此用户来实现权限的设置管理。

详细操作步骤如下：

步骤01 执行菜单栏"文件"→"新建"命令，创建新页面，输入网页标题"管理者登录"，执行菜单"文件"→"保存"命令，在站点news文件夹中的admin文件夹中将该文档保存为admin_login.php。

步骤02 执行菜单"插入"→"表单"→"表单"命令，插入一个表单。

步骤03 将光标放置在该表单中，执行菜单"插入"→"表格"命令，打开"表格"对话框，在"行数"文本框中输入需要插入表格的行数4；在"列"文本框中输入需要插入表格的列数2；在"表格宽度"文本框中输入400像素；其他的选项保持默认值，如图5-32所示。

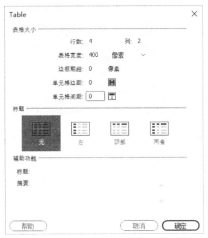

图 5-32　插入表格

步骤04 单击"确定"按钮,在该表单中插入了一个4行2列的表格,选择表格,在"属性"面板中设置"水平"为"居中对齐"。拖动鼠标选中第1行表格的所有单元格,在"属性"面板中单击"合并"⬚按钮,将第1行表格合并。用同样的方法将第4行合并。

步骤05 在该表单中的第1行中输入文字"新闻后台管理中心",在表格的第2行第1个单元格中输入文字说明"用户:",在表格的第2行第2个单元格中单击"文本域"按钮⬚,插入单行文本域表单对象,定义文本域名为username,"文本域"属性设置如图5-33所示。

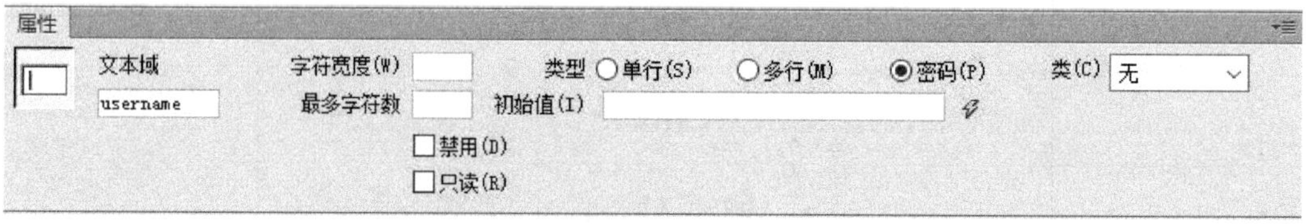

图 5-33 输入"账号"名和插入"文本域"的设置

步骤06 在第3行表格中,输入文字说明"密码:",在表格的第3行第2个单元格中单击"文本域"按钮⬚,插入单行文本域,定义文本域名为password,"文本域"属性设置如图5-34所示。

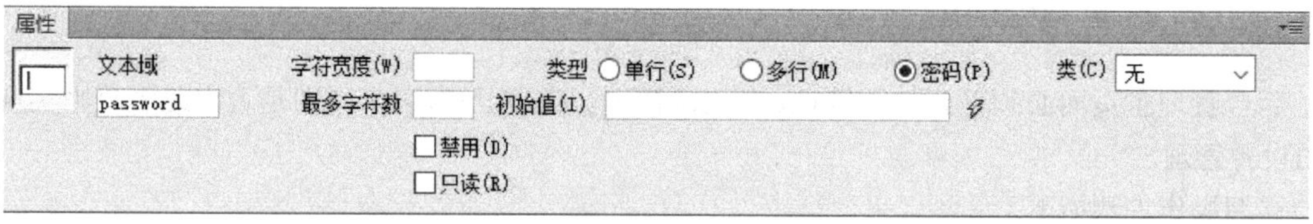

图 5-34 输入"密码"名和插入"文本域"的设置

步骤07 单击选择第4行单元格,执行两次菜单"插入"→"表单"→"按钮"命令,插入两个按钮,并分别在"属性"面板中进行属性变更,一个为登录时用的"提交表单"选项,一个为"重设表单"选项,"属性"的设置分别如图5-35和图5-36所示。

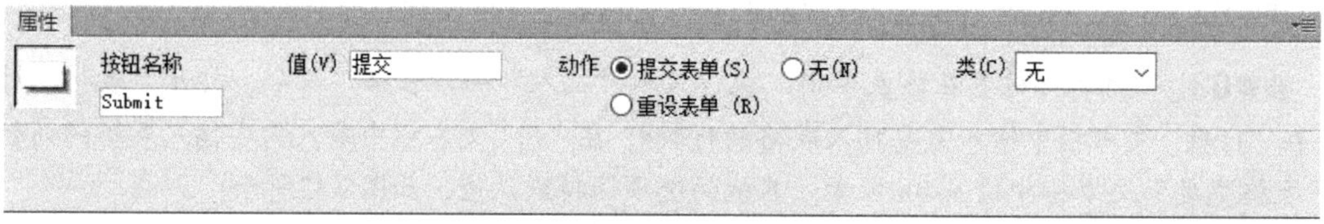

图 5-35 设置按钮名称的属性 1

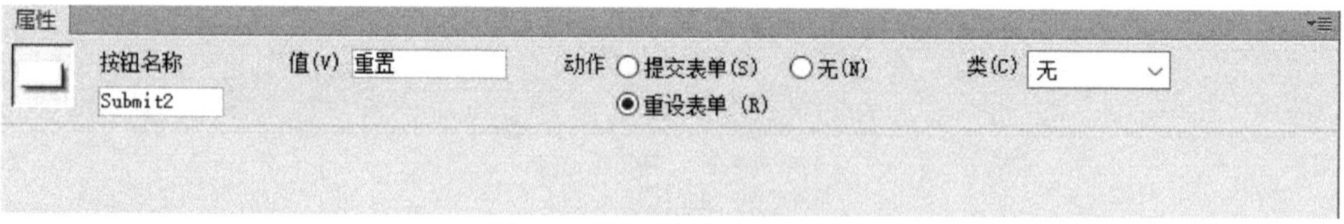

图 5-36 设置按钮名称的属性 2

步骤08 在标签栏选择<form>标签,设置跳转到chkadmin.php页面进行验证,如图5-37所示。

图 5-37 登录用户的设定

步骤09 新建立一个chkadmin.php动态页面输入验证的代码如下：

```php
<meta http-equiv="Content-Type" content="text/html; charset=utf-8">
<?php
include("conn.php");
$username=$_POST['username'];
$userpwd=$_POST['password'];
class chkinput{
   var $name;
   var $pwd;
   function chkinput($x,$y){
     $this->name=$x;
     $this->pwd=$y;
    }
   function checkinput(){
     include("conn.php");
     $sql=mysqli_query($conn,"select * from admin where username='".$this->name."'");
     $info=mysqli_fetch_array($sql);
     if($info==false){
   echo "<script language='javascript'>alert('管理员名称输入错误！');history.back();</script>";
      exit;
       }
     else{
     if($info['password']==$this->pwd)
         {
           session_start();
         $_SESSION['username']=$info['username'];
           header("location:admin.php");
           exit;
         }
        else {
          echo "<script language='javascript'>alert('密码输入错误！');history.back(); </script>";
           exit;
```

```
                }
            }
        }
    }
    $obj=new chkinput(trim($username),trim($userpwd));
     $obj->checkinput();
  ?>
```

步骤10　　返回到编辑页面，完成后台管理入口页面admin_login.php的设计与制作。

5.4.2　后台管理主页面

后台管理主页面是管理者在登录页面验证成功后所登录的页面，这个页面可以实现新增、修改或删除新闻内容和新闻分类的内容，使网站能随时保持最新、最实时的信息。页面结构如图5-38所示。

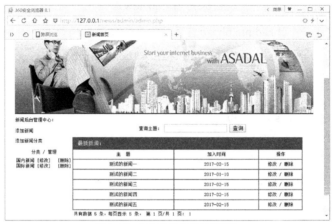

图 5-38　后台管理主页面效果图

详细操作步骤如下：

步骤01　　由于admin.php的大部分查询功能和index.php页面的功能是一样的，因此可以直接打开index.php页面，将其另存为admin.php网页，在index.php基础上进行文字说明修改以及更改单击时的链接地址即可，另存修改的动态页面如图5-39所示。

图 5-39　后台管理主页面效果图

步骤02 admin.php是提供管理者链接至新闻编辑的页面，然后进行新增、修改与删除等操作，设置了6个链接，各链接的设置如表5-6所示。

表5-6　admin.php页面的链接设置

名称	链接页面
添加新闻分类	type_add.php
更新新闻分类	type_up.php
删除新闻分类	type_del.php
添加新闻	news_add.php
更新新闻	news_upd.php
删除新闻	news_del.php

其中"修改"及"删除"的链接必须要传递参数给转到的页面，这样转到的页面才能够根据参数值而从数据库将某一笔数据筛选出来再进行编辑。

步骤03 首先选取"添加新闻"，在"属性"面板中将它链接到admin文件夹中的news_add.php页面。

步骤04 选取右边栏中的"修改"文字，在"属性"面板中找到建立链接的部分，并单击"浏览文件"图标，在弹出的对话框中选择用来显示详细记录信息的页面news_upd.php，如图5-40所示。

图 5-40　选择链接文件

步骤05 设置超级链接要附带的URL参数的名称与值<a href="news_upd.php?news_id=<?php echo $info1['news_id'];?>">修改</a>，如图5-41所示。

图 5-41　"属性"面板设置链接

171

步骤06 选取"删除"文字并重复上面的操作，要转到的页面改为news_del.php，并传递新闻标题的ID参数<a href="news_del.php?news_id=<?php echo $info1['news_id'];?>">删除</a>，如图5-42所示。

图5-42 设置传递至 news_del.php

步骤07 选取左边栏中的"修改"文字，选择admin文件夹中的type_upd.php链接并传递type_id参数[<a href="type_upd.php?type_id=<?php echo $info2['type_id'];?>">修改</a>]，如图5-43所示。

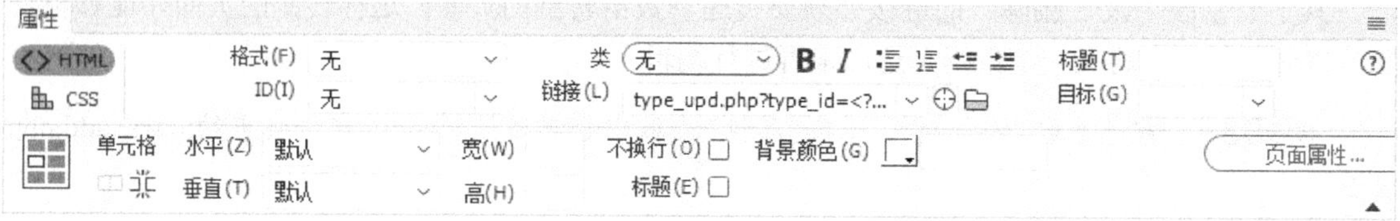

图5-43 设置传递至 type_upd.php

步骤08 选取"删除"文字并重复上面的操作，要转到的细节页面改为type_del.php并传递type_id参数[<a href="type_del.php?type_id=<?php echo $info2['type_id'];?>">删除</a>]，如图5-44所示。

属性
<!-- 图5-44 属性面板 -->

图5-44 设置传递至 type_del.php

步骤09 再选取"添加新闻分类"，在"属性"面板中将它链接到admin文件夹中的type_add.php页面。

步骤10 后台管理是管理员在后台管理入口页面admin_login.php输入正确的账号和密码才可以进入的一个页面，所以必须设置限制对本页的访问功能。这里实现的方法有很多种，最简单的就是使用session变量，通过判断$_SESSION['username']是否为空来限制访问，实现的代码放在页面的最前面：

```php
<?php
session_start();
require_once('conn.php');
$keyword=@ $_POST['keyword'];
if(@ $_SESSION['username']=="")
{
  echo "<script>alert('您还没有登录,请先登录!');history.back();</script>";
  exit;
}
```

```
?>
```

限制访问的效果页面如图5-45所示。

图 5-45　直接登录出现错误提示

步骤11　单击"确定"按钮，就完成了后台管理主页面admin.php的制作。

5.4.3　新增新闻页面

新增新闻页面news_add.php，设计的页面效果如图5-46所示，实现了插入新闻的功能。

图 5-46　新增新闻页面设计

详细操作步骤如下：

步骤01　创建news_add.php页面，本页制作有三个核心技术，其一是如何从MySQL数据库中查询出新闻的分类并显示到下拉列表框中；其二是提交时自动获得系统的时间；其三是单击"添加"按钮时需要对提交的表单进行验证，首先看一下验证的实现方法：

```
<script language="javascript">
  function chkinput(form)
    {
      if(form.news_title.value=="")
```

```
  {
  alert("请输入新闻标题!");
  form.news_title.select();
  return(false);
  }
   if(form.news_author.value=="")
  {
  alert("请输入作者!");
  form.news_author.select();
  return(false);
  }
   if(form.news_content.value=="")
  {
  alert("请输入年龄!");
  form.news_content.select();
  return(false);
  }
  return(true);
  }
</script>
```

步骤02 绑定记录集后，"新闻分类"的下拉列表框能显示分类，实现的办法是循环遍历<option>所有值，并设置<option>的value值即可，代码如下：

```
<label>
    <select name="news_type" id="news_type">
     <?php
   $sql=mysqli_query($conn,"select * from newstype");
   while($info=mysqli_fetch_array($sql))
   {
  ?>
 <option  value="<?php echo $info['type_id'];?>">//获取分类的ID编号
 <?php echo $info['type_name'];?>//显示分类名称
 </option>
    <?php
   }
    ?>
   </select>
   </label>
```

加入代码运行效果如图5-47所示。

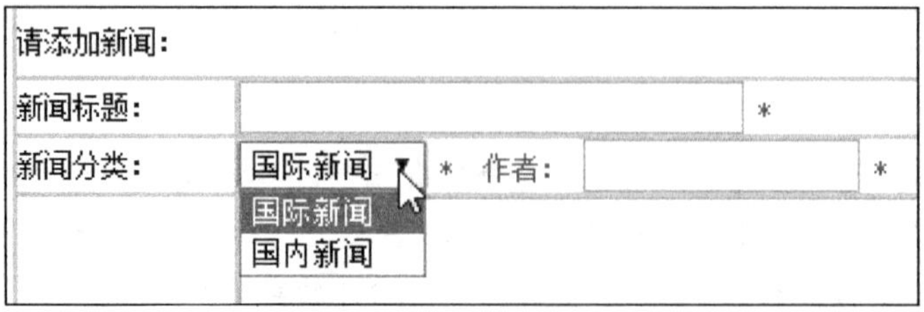

图5-47 "动态列表/菜单"效果

步骤03 本页面制作的第二个技术重点就是要使用PHP实现自动获取系统的默认时间，当插入新闻时能自动生成当时的时间。方法是绑定一个隐藏字段并命名为news_date，切换到代码行将值设置如下。

```
<input name="news_date" type="hidden" id="news_date" value="<?php
echo date("Y-m-d");
?>">
//设置时间格式并显示当时时间
```

步骤04 在news_add.php编辑页面，单击"添加"按钮能提交到saveadd.php页面，使用INSERT INTO语句可以实现插入记录的操作：

```
<meta http-equiv-"Content-Type" content="text/html; charset=utf-8">
<?php
include("conn.php");
$news_title=$_POST['news_title'];
$news_type=$_POST['news_type'];
$news_author=$_POST['news_author'];
$news_content=$_POST['news_content'];
$news_date=$_POST['news_date'];
mysqli_query($conn,"insert  into  news  (news_title,news_type,news_content,
news_author,news_date)
values('$news_title','$news_type','$news_author','$news_content',
'$news_date')");
echo "<script>alert('添加成功!');history.back();</script>";
?>
```

返回到编辑页面，就完成news_add.php页面的设计了，最后的编辑页面如图5-48所示。

图5-48　"插入记录"命令

5.4.4　更新新闻页面

更新新闻页面news_upd.php的主要功能是将数据表中的数据送到页面的表单中进行修改，修改数据后再将数据更新到数据表中，页面设计如图5-49所示。

图 5-49　更新新闻页面设计

详细操作步骤如下：

步骤01　打开news_upd.php页面，该页面与新增新闻页面中的分类调用方法是一样的，但在该页显示的是单击"更新"文字链接传递过来的news_id值调用相应的新闻显示到页面上，然后修改后提交更新到数据库中。

步骤02　由于代码都差不多这里只列出查询记录集不同的地方，使用where条件查询news_id='$news_id'，代码如下：

```php
<?php
$news_id=$_GET['news_id'];
$sql=mysqli_query($conn,"select * from news where news_id='$news_id'");
    $info=mysqli_fetch_array($sql);
?>
```

步骤03　传递到saveupdate.php的更新代码如下：

```php
<meta http-equiv="Content-Type" content="text/html; charset=utf-8">
<?php
$news_id=$_POST['news_id'];
$news_title=$_POST['news_title'];
$news_date=$_POST['news_date'];
$news_type=$_POST['news_type'];
$news_content=$_POST['news_content'];
$news_author=$_POST['news_author'];
include("conn.php");
mysqli_query($conn,"update news set news_title='$news_title',news_date=
'$news_date',news_type='$news_type',news_content='$news_content',news_author='
$news_author' where news_id='$news_id'");
echo "<script>alert('修改成功!');history.back();</script>";
?>
```

注意

这里一定要注意更新时所有字段要一一对应，即可以完成更新新闻页面的设计。

5.4.5　删除新闻页面

删除新闻页面news_del.php和更新新闻页面差不多，可以直接将上面制作的更新新闻页面另存，再修改一下说明文字即可，如图5-50所示。其方法是将表单中的数据从站点的数据表中删除。

图 5-50　删除新闻页面的设计

步骤01　单击"删除"按钮提交到savedel.php动态页面进行处理，代码如下：

```php
<meta http-equiv="Content-Type" content="text/html; charset=utf-8">
<?php
 include("conn.php");
 $news_id=$_POST['news_id'];
 mysqli_query($conn,"delete from news where news_id='$news_id'");
//根据传递过来的ID来删除新闻
 echo "<script>alert('删除成功!');</script>";
//删除成功跳转到admin.php页面
header("location:admin.php");
?>
```

步骤02　完成删除新闻页面的设计。

5.4.6　新增新闻分类页面

新增新闻分类页面type_add.php的功能是将页面的表单数据新增到newstype数据表中，页面设计如图5-51所示。

图 5-51　新增新闻分类页面设计

步骤01　单击"添加"按钮时，跳转到type_add_save.php实现增加分类的功能，具体的代码如下：

```
<meta http-equiv="Content-Type" content="text/html; charset=utf-8">
<?php
include("conn.php");
$type_name=$_POST['type_name'];
mysqli_query($conn,"insert into newstype (type_name) values ('$type_name')");
echo "<script>alert('添加成功!');history.back();</script>";
?>
```

步骤02　完成type_add.php页面设计。

5.4.7　更新新闻分类页面

更新新闻分类页面type_upd.php的功能是将数据表的数据传递到页面的表单中进行修改，修改数据后再更新至数据表中，页面设计效果如图5-52所示。

图 5-52　更新新闻分类页面设计

步骤01　设置记录集查询功能，并绑定分类名称和隐藏分类主字段，方便数据传递并更改，核心的代码如下：

```
<?php
$type_id=$_GET['type_id'];
//从上一页接收type_id表单变量
$sql=mysqli_query($conn,"select * from newstype where type_id='$type_id'");
$info=mysqli_fetch_array($sql);
?>
```

步骤02 单击type_upd.php页面中的"修改"按钮时，跳转到type_upd_save.php实现修改分类的功能，具体的代码如下：

```
<meta http-equiv="Content-Type" content="text/html; charset=utf-8">
<?php
include("conn.php");
$type_name=$_POST['type_name'];
$type_id=$_POST['type_id'];
mysqli_query($conn,"update newstype set type_name='$type_name'where type_id=
'$type_id'");
echo "<script>alert('更新成功!');</script>";
header("location:admin.php");
?>
```

步骤03 完成更新新闻分类页面的设计。

5.4.8　删除新闻分类页面

删除新闻分类页面type_del.php的功能，是将表单中的数据从站点的数据表newstype中删除。详细操作步骤如下：

步骤01 打开type_del.php页面，该页面和新闻更新的页面类似。绑定记录集后，将记录集的字段插入至type_del.php网页中的适当位置，如图5-53所示。其中绑定一个隐藏字段为type_id。

图 5-53　字段的插入

步骤02 单击"删除"按钮，提交到type_del_save.php网页中进行删除处理，代码如下：

```
<meta http-equiv="Content-Type" content="text/html; charset=utf-8">
<?php
include("conn.php");
$type_id=$_POST['type_id'];
mysqli_query($conn,"delete from newstype where type_id='$type_id'");
echo "<script>alert('删除分类成功!');</script>";
header("location:admin.php");
?>
```

一个实用的新闻管理系统就此开发完毕，读者可以将本章开发的新闻管理系统的方法应用到实际的大型网站建设中去。

第 **6** 章

全程实例四：在线投票管理系统

网站的投票管理系统设置好投票主题之后，网站的会员积极参与可以起到活跃会员，增加浏览量的作用。一个投票管理系统可分为3个主要的功能模块：投票功能、投票处理功能以及显示投票结果功能。投票管理系统首先给出投票选题（即供投票者选择的表单对象），当投票者单击选择投票按钮后，投票处理功能被激活，对服务器传送过来的数据做出相应的处理，先判断用户选择的是哪一项，累计相应项的字段值，然后对数据库进行更新，最后将投票的结果显示出来。

本章的学习重点：

- 投票管理系统站点的设计
- 投票管理系统数据库的规划
- 计算投票的方法
- 防止刷新的设置

6.1 在线投票管理系统规划

在线投票管理系统在设计开发之前，对将要开发的功能进行一下整体的规划。本实例将实现3个部分页面内容的设计，一是计算投票页面，二是显示投票结果页面，三是用来提供选择的页面。

6.1.1 页面规划设计

根据介绍的投票管理系统的页面设计规划，在本地站点上建立站点文件夹vote，将要制作的投票管理系统的文件夹和文件如图6-1所示。

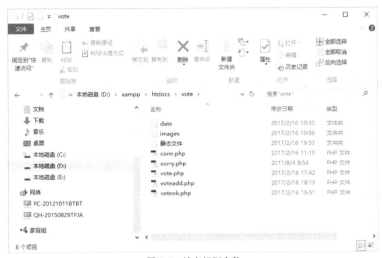

图 6-1 站点规划文件

本实例制作的投票系统共有 5 个页面，页面的功能与文件名称如表 6-1 所示。

表6-1 在线投票系统网页设计表

页面名称	功能
vote.php	在线投票管理系统的首页
conn.php	数据库连接调用文件
voteadd.php	统计投票的功能
voteok.php	显示投票结果
sorry.php	投票失败页面

6.1.2 系统页面设计

投票管理系统的页面共4个，包括开始投票页面、计算投票页面、显示投票结果页面以及投票失败页面。计算投票页面voteadd.php的实现方法是：接收vote.php页面所传递过来的参数然后执行累加的功能，为了保证投票的公正性，本系统根据IP地址的唯一性设置了防止页面刷新的功能。开始投票页面和显示投票结果页面的设计效果如图6-2和图6-3所示。

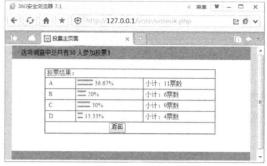

图 6-2　投票管理系统首页　　　　　　　　　　图 6-3　投票结果显示页面

6.2　系统数据库的设计

本节主要介绍投票管理系统数据库的连接方法，投票管理系统的数据库主要用来存储投票选项和投票次数。

6.2.1　数据库设计

投票管理系统需要一个用来存储投票选项和投票次数的数据表vote和用于存储用户IP地址的数据表ip。

制作的步骤如下：

步骤01　在phpMyAdmin中建立数据库vote，选择 **数据库** 命令打开本地的"数据库"管理页面，在"新建数据库"文本框中输入数据库的名称vote，单击打开后面的数据库类型下拉列表框，选择utf8_general_ci选项，单击"创建"按钮，返回"常规设置"页面，在数据库列表中就已经建立了vote的数据库，如图6-4所示。

图 6-4　开始建数据表

步骤02 单击左边的votc数据库将其连接上，打开"新建数据表"页面，分别输入数据表名ip和vote（即创建2个数据表）。创建ip数据表（字段结构见表6-2），用于限制重复投票使用，输入数据域名以及设置数据类型的相关数据，如图6-5所示。

表6-2　ip数据表

意义	字段名称	数据类型	字段大小	必填字段
主题编号	ID	int	长整型	
投票的ip地址	votecip	varchar	255	是

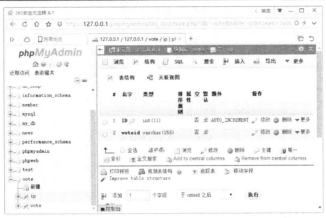

图 6-5　创建的 ip 数据表

步骤03 设计vote数据表用于存储投票的选项和投票的数量，输入数据域名以及设置数据域位的相关数据，如图6-6所示。对访问者的留言内容做一个全面的分析，设计vote的字段结构如表6-3所示。

表6-3　投票数据表vote

意义	字段名称	数据类型	字段大小	必填字段
主题编号	ID	int	11	是
投票主题	item	varchar	50	是
投票数量	vote	integer	20	是

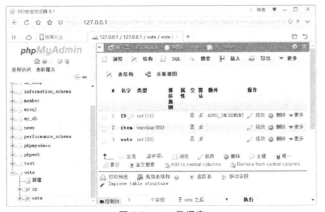

图 6-6　vote 数据表

步骤04 为了方便后面系统开发的需要，先在vote数据表里加入4个投票的数据，单击"浏览"选项卡，在数据表手动加入名为选项1至选项4的四个选择模式，如图6-7所示。

图6-7 输入投票选择

数据库创建完毕，可以发现在线投票管理系统的数据库相对比较简单。

6.2.2 投票管理系统站点

在Dreamweaver CC 2017中创建一个"投票系统"网站站点vote，由于这是PHP数据库网站，因此必须设置本机数据库和测试服务器，主要的设置如表6-4所示。

表6-4 在线投票管理系统站点基本参数

站点名称	vote
本机根目录	D:\xampp\htdocs\vote
测试服务器	D:\xampp\htdocs\
网站测试地址	http://127.0.0.1/vote/
MySQL服务器地址	D:\xampp\mysql\data\vote
管理账号 / 密码	root / 空
数据库名称	vote

创建vote站点的具体操作步骤如下：

步骤01 首先在D:\xampp\htdocs路径下建立vote文件夹（如图6-8所示），本章所有建立的网页文件都将放在该文件夹下。

步骤02 运行Dreamweaver CC 2017，执行菜单栏中的"站点"→"管理站点"命令，打开"管理站点"对话框，如图6-9所示。

图 6-8　建立站点文件夹 vote

图 6-9　"管理站点"对话框

步骤03 对话框的上边是站点列表框，其中显示了所有已经定义的站点。单击右下方的"新建站点"按钮，打开"站点设置对象"对话框，进行如图6-10所示的参数设置。

图 6-10　建立 vote 站点

步骤04 单击列表框中的"服务器"选项，并单击"添加服务器"按钮➕，打开"基本"选项卡，进行如图6-11所示的参数设置。

图 6-11 "基本"选项卡设置

步骤05 设置后再单击"高级"选项卡，打开"高级"服务器设置对话框，选中"维护同步信息"复选框，在"服务器模型"下拉列表框中选择PHP MySQL（表示是使用PHP开发的网页），其他的保持默认值，如图6-12所示。

图 6-12 设置"高级"选项卡

步骤06 单击"保存"按钮，返回"服务器"设置界面，选中"测试"单选按钮，如图6-13所示。

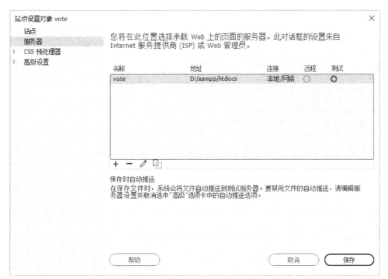

图 6-13　设置"服务器"参数

步骤07 单击"保存"按钮，则完成站点的定义设置。在Dreamweaver CC 2017中就已经拥有了刚才所设置的站点vote。单击"完成"按钮，关闭"管理站点"对话框，这样就完成了在Dreamweaver CC 2017中测试在线投票系统网页的网站环境设置。

6.2.3　数据库连接

完成了站点的定义后，下面就是用户系统网站与数据库之间的连接，网站与数据库的连接设置步骤如下：

步骤01 将原代码vote文件包中设计的本章静态文件复制到站点文件夹下，打开vote.php投票首页，如图6-14所示。

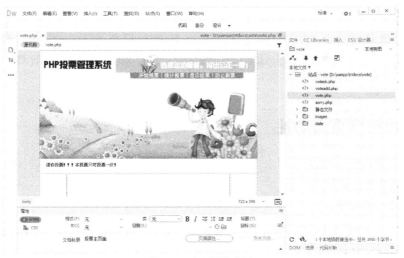

图 6-14　打开网站首页

步骤02 新建立conn.php网页，输入投票系统的数据库连接代码：

```
<?php
//建立数据库连接;
 $conn=mysqli_connect("localhost","root","","vote");
//设置字符为utf-8, @抑制字符变量的声明提醒。
@ mysqli_set_charset ($conn,utf8);
@ mysqli_query($conn,utf8);
//如果连接错误显示错误原因。
if (mysqli_connect_errno($conn))
{
    echo "连接 MySQL 失败: " . mysqli_connect_error();
}
?>
```

MySQL服务器名为localhost本地，用户名为root，密码为空。选择所要建立连接的数据库名称，选择刚建立的范例数据库vote，完成设置内容如图6-15所示。

图 6-15　设置 MySQL 连接参数

6.3 在线投票管理系统开发

对投票管理系统来说需要重点设计的页面是开始投票页面vote.php和投票结果页面voteok.php。计算投票页面voteadd.php是一个动态页面，没有相应的静态页面效果，只有累加投票次数的功能。

6.3.1　开始投票页面功能

开始投票页面vote.php主要是用来显示投票的主题和投票的内容，让用户进行投票，然后传递到voteadd.php页面进行计算。

详细的操作步骤如下：

步骤01 打开刚创建的vote.php页面，输入网页标题"开始投票页面"，执行菜单栏"文件"→"保存"命令将网页保存。

步骤02 在刚创建背景图像的单元格中，执行菜单栏"插入"→"表单"→"表单"命令，

再执行菜单 "插入"→"表格"命令，在表单中插入一个3行2列的表格，并在表格中执行菜单栏
"插入"→"表单"→"单选按钮"命令，插入一个"单选按钮"，选择"单选按钮"并在"属性"
面板中将它命名为ID，如图6-16所示。

图 6-16　设置"单选按钮"名称

步骤03 执行菜单栏"插入"→"表单"→"按钮"命令两次，插入两个按钮，一个是用
来提交表单的按钮，命名为"投票"；另外一个是用来查看投票结果的按钮，命名为"查看"，效
果如图6-17所示。

图 6-17　投票首页的效果图

步骤04 建立"记录集（查询）"功能，在打开的"代码"窗口中输入查询的代码：

```php
<?php
  $sql=mysqli_query($conn,"select * from vote order by ID ASC");
  while($info=mysqli_fetch_array($sql))
   {
?>
```

步骤05 建立记录集后，将记录集中的字段插入至vote.php网页的适当位置，如图6-18所示。

图 6-18　记录集的字段插入至 vote.php 网页

步骤06 单击"单选按钮"将字段ID绑定到单选按钮上，绑定后在"单选按钮"的属性面板中的"选定值"中添加了插入ID字段的相应代码为<input name="ID" type="radio" value=" <?php echo $info['ID'];?>" >，如图6-19所示。

图 6-19　插入字段到单选按钮

步骤07 单击页面中的"查看"按钮，需要提交并跳转到voteok.php网页查看投票后的结果，在<input>标签中加入一个javascript实现简单的判断并跳转到相关的页面：

```
<label>
<input name="Submit" type="submit" value="投票" onclick=
"javascript:this.form.action='voteadd.php' "/>
<input name="Submit2" type="submit" value="查看" onclick=
"javascript:this.form.action='voteok.php' "/>
</label>
```

步骤08 完成vote.php页面的制作，效果如图6-20所示。

图 6-20　vote.php 网页制作完成

6.3.2　计算投票页面功能

计算投票页面voteadd.php，主要功能是接收vote.php所传递过来的参数然后进行累加计算。计算投票页面voteadd.php只用于后台计算用，希望投票者在成功投票之后转到投票结果页面voteok.php，只要加入代码header("location:voteok.php");到voteadd.php页面就可以完成对voteadd.php页面的制作，本小节的核心代码如下：

```
<meta http-equiv="Content-Type" content="text/html; charset=utf-8" />
<?php
```

```
require_once('conn.php');
//调用数据库连接
if (empty($_POST['ID'])){
        echo "您没选择投票的项目";
        exit(0);
    }//判断是否选择了投票的选项
 else
    {
$voteip=strval($_POST['voteip']);
//赋值变量voteip为上一页传递过来的voteip值
$sql=mysqli_query($conn,"select * from ip where voteid='".$voteip."'");
//以voteid=voteip为条件查询数据表ip
$info=mysqli_fetch_array($sql);
//从结果集中取得一行作为关联数组info
if($info==true)
//如果值为真，说明数据库中有IP地址，已经投过票
 {
  header("location:sorry.php");
 //转到失败页面sorry.php
  exit;
 }
 else
 {
  mysqli_query($conn,"INSERT INTO ip (voteid) VALUES ('".$voteip."')");
 //如果没有则将ip地址插入到ip数据表中
  }
$ID=strval($_POST['ID']);
//赋值ID变量为上一页传递过来的ID值

mysqli_query($conn,"UPDATE vote SET vote=vote+1 WHERE ID='$ID'");
//根据ID更新数表vote，并自动加一
mysqli_close($conn);
header("location:voteok.php");
  //转到voteok.php
 }
?>
```

UPDATE 语句用于在数据库表中修改数据。

语法：

```
UPDATE table_name
SET column_name = new_value
WHERE column_name = some_value
```

因为SQL对大小写不敏感，所以UPDATE与update等效。

为了让PHP执行上面的语句，我们必须使用mysqli_query( )函数。该函数用于向SQL连接发送查询和命令。

6.3.3　显示投票结果页面

显示投票结果页面voteok.php主要是用来显示投票总数结果和各投票的比例结果，静态页面设

计效果如图6-21所示。

图 6-21　显示投票结果页面设计效果图

步骤01　首先实现第一行"选项调查中总共有多少人参加投票！"功能，创建一个记录集，进入"代码"编辑窗口，加入以下代码：

```php
<?php
$sql=mysqli_query($conn,"select sum(vote) as total from vote");
$info=mysqli_fetch_array($sql);
 ?>
```

建立记录集后，将<?php echo $info['total']?>绑定到多少人的位置，如图6-22所示。

图 6-22　字段的绑定

步骤02　再建立一个记录集查询$sql1用于显示投票的内容并统计数量。

```php
<?php
 $sql1=mysqli_query($conn,"select * from vote");
    while($info1=mysqli_fetch_array($sql1))
 {
 ?>
```

步骤03　完成记录集的设置，绑定记录集后，将记录集中的字段插入至voteok.php网页中的适当位置，如图6-23所示。

图 6-23　字段的插入

步骤04 单击 代码 按钮，进入"代码"视图编辑页面，在"代码"视图编辑页面中找到图像，加入代码为：

```
<td width="40%"><img src="images/bar.gif" width="<?php echo round(($info1
['vote']/$info['total']),4)*100?>" height="13" /><span class="STYLE3"> <?php echo
round(($info1['vote']/$info['total']),4)*100?>%</span></td>
    <td width="42%" class="STYLE3">小计: <?php echo $info1['vote']?>票数</td>
```

这样图像就可以根据比例的大小进行宽度的缩放，设置如图6-24所示。

```
49    while($info1=mysqli_fetch_array($sqli))
50    {
51    ?>
52    <tr bgcolor="#FFFFFF">
53        <td width="18%" height="25"><label><span
          class="STYLE3" style="text-align: center"><?php echo
          $info1['item']?></span></label></td>
54        <td width="40%"> <img src="images/bar.gif"
          width="<?php echo
          round(($info1['vote']/$info['total']),4)*100?>"
          height="13" /><span class="STYLE3"> <?php echo
          round(($info1['vote']/$info['total']),4)*100?>%
          </span></td>
55        <td width="42%" class="STYLE3"> 小计: <?php echo
          $info1['vote']?>票数  </td>
56    </tr>
```

图 6-24　设置图像的缩放

步骤05 单击页面中的"返回首页"链接，转到"vote.php"，如图6-25所示。

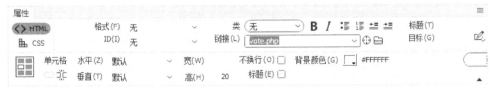

图 6-25　输入转到 URL 的文件地址

步骤06 完成显示结果页面voteok.php的设置，测试预览效果如图6-26所示。

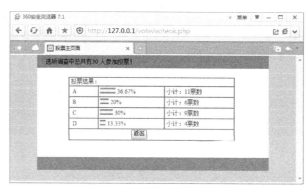

图 6-26　显示投票结果页面的效果图

6.3.4　防止页面刷新功能

一个投票管理系统是要求公平、公正的投票，不允许用户进行多次投票，所以在设计投票开始系统时有必要加入防止页面刷新的功能。

实现该功能的详细操作步骤如下：

步骤01　打开开始投票页面 vote.php，把光标放在表单中，执行菜单栏"插入"→"表单"→"隐藏域"命令，插入一个隐藏字段 voteip。

步骤02　单击隐藏域 图标，打开"属性"面板。设置隐藏域的值为 <?php echo $_SERVER['REMOTE_ADDR'];?>，取得用户的 IP 地址，如图 6-27 所示。

图 6-27　设置隐藏域的值

步骤03　将实现防止刷新的程序放到 voteadd.php 页面里面，打开前面制作的计算投票页面 voteadd.php，在相应的位置加入代码，如图 6-28 所示。

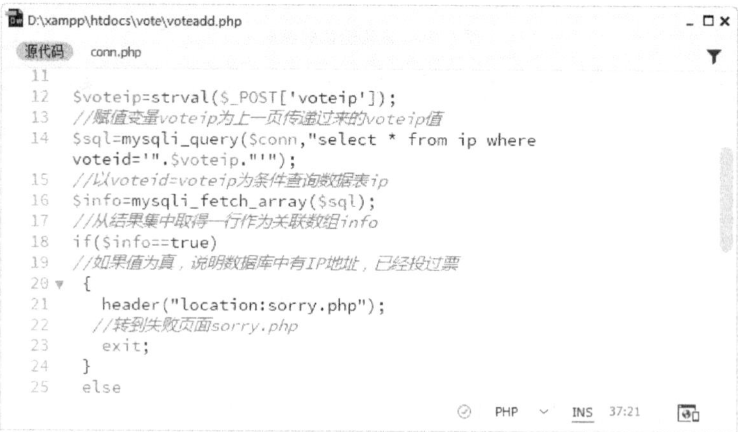

```
D:\xampp\htdocs\vote\voteadd.php                              _ □ ×
源代码  conn.php                                                  ▼
11
12   $voteip=strval($_POST['voteip']);
13   //赋值变量voteip为上一页传递过来的voteip值
14   $sql=mysqli_query($conn,"select * from ip where
     voteid='".$voteip."'");
15   //以voteid=voteip为条件查询数据表ip
16   $info=mysqli_fetch_array($sql);
17   //从结果集中取得一行作为关联数组info
18   if($info==true)
19   //如果值为真，说明数据库中有IP地址，已经投过票
20 ▼ {
21       header("location:sorry.php");
22       //转到失败页面sorry.php
23       exit;
24   }
25   else
                            ⊘   PHP  ∨   INS  37:21    ▢
```

图 6-28　加入防止刷新的代码

具体的代码分析如下：

```php
<meta http-equiv="Content-Type" content="text/html; charset=utf-8" />
<?php
require_once('conn.php');
//调用数据库连接
if (empty($_POST['ID'])){
        echo "您没选择投票的项目";
        exit(0);
    }//判断是否选择了投票的选项
 else
 {
$voteip=strval($_POST['voteip']);
//赋值变量voteip为上一页传递过来的voteip值
$sql=mysqli_query($conn,"select * from ip where voteid='".$voteip."'");
//以voteid=voteip为条件查询数据表ip
$info=mysqli_fetch_array($sql);
//从结果集中取得一行作为关联数组info
if($info==true)
//如果值为真，说明数据库中有IP地址，已经投过票
 {
  header("location:sorry.php");
 //转到失败页面sorry.php
  exit;
 }
 else
 {
  mysqli_query($conn,"INSERT INTO ip (voteid) VALUES ('".$voteip."')");
  //如果没有则将ip地址插入到ip数据表中
  }
$ID=strval($_POST['ID']);
//赋值ID变量为上一页传递过来的ID值
mysqli_query($conn,"UPDATE vote SET vote=vote+1 WHERE ID='$ID'");
//根据ID更新数据表vote，并自动加一
mysqli_close($conn);
header("location:voteok.php");
//转到voteok.php
}
?>
```

步骤04　完成防止页面刷新设置。当用户再次投票时，系统可以根据IP的唯一性进行判断。当用户再次投票时，将转到投票失败的页面sorry.php，页面设计效果如图6-29所示。

图 6-29　投票失败页面效果图

在sorry.php页面有两个页面链接，"回主页面"链接到vote.php，"查看结果"链接到voteok.php。

6.4　在线投票管理系统测试

投票管理系统设计完成之后，可以对设计的系统进行测试，按下F12键或打开浏览器输入http://127.0.0.1/ vote/vote.php即可开始进行测试。测试步骤如下：

步骤01 在浏览器中打开vote.php文件，开始投票页面效果如图6-30所示。

图6-30　打开的开始投票页面

步骤02 不选择任何选项，单击"投票"按钮，则打开提示"您没选择投票的项目"，如图6-31所示。

图6-31　没选择项目错误提示

步骤03 选择投票项的其中一项，再单击"投票"按钮，开始投票。

步骤04 单击"投票"按钮后，打开的页面不是voteadd.php，因为voteadd.php只是计算投票数的一个统计数字页面，打开的页面是显示投票结果页面voteok.php，voteok.php页面是voteadd.php转过来的一个页面，效果如图6-32所示。

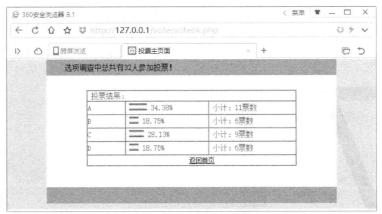

图 6-32 显示投票结果的页面

步骤05 单击"返回首页"文字链接，回到投票页面vote.php中。当用户再次投票时，将打开投票失败的页面sorry.php，如图6-33所示。

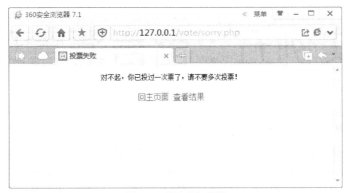

图 6-33 提示已经投票

通过上面的测试说明该投票管理系统的所有功能已经开发完毕，读者可以看到在线投票管理系统的开发并不难，用户可以根据需要修改投票的选择项，经过修改后的投票系统可以适用于任何大型网站。

第 7 章

全程实例五：留言簿管理系统

网站留言簿管理系统的功能主要是实现网站的访问者和网站管理者的一个交互性，访问者可以向管理者提出任何意见和信息，管理者可以在后台及时回复。因此，学习PHP开发动态网站时，留言簿管理系统的学习也是必不可少的。本章将使用PHP开发一个可以进行留言并进行回复的留言簿管理系统，开发的技术主要涉及数据库留言信息的插入、回复和修改信息的更新等，在涉及回复时间时还会涉及一些关于PHP时间函数的设置问题。

本章的学习重点：

- 留言簿管理系统的整体规划
- 留言簿数据库的建立方法
- 留言簿管理系统常用功能的设计
- 获取系统时间的方法
- 获取留言者电脑IP地址的方法
- 后台管理系统的设计

7.1 留言簿管理系统规划

留言簿管理系统的主要功能是在首页上显示留言，管理者能对留言进行回复、修改和删除，因此一个完整的留言簿管理系统分为访问者留言模块和管理者登录模块两部分。

7.1.1 页面规划设计

在本地建立站点文件夹gbook，将要制作的留言簿系统文件夹及文件如图7-1所示。

图 7-1　站点规划文件

本系统共有 10 个页面，各页面的功能与对应的文件名称如表 7-1 所示。

表7-1　系统页面说明表

页面名称	功能
index.php	显示留言内容和管理者回复内容
conn.php	数据库连接文件
book.php	提供用户发表留言的页面
booksave.php	保存留言的动态页面
admin_login.php	管理者登录留言簿系统的入口页面
chkadmin.php	实现管理者登录判断的动态页面
admin.php	管理者对留言的内容进行管理的页面
reply.php	管理者对留言内容进行回复的页面
replysave.php	实现保存回复的动态页面
delbook.php	管理者对一些非法留言进行删除的页面

7.1.2 系统页面设计

网页设计方面，主要设计了首页和次级页面，采用的是标准的左右布局结构，留言页面效果如图7-2所示。

图 7-2　留言簿管理系统首页

7.2　系统数据库设计

制作留言簿管理系统，首先要设计一个存储访问者留言内容、管理员对留言信息的回复以及管理员账号、密码的数据库文件gbook，以方便管理和使用。

7.2.1　数据库设计

本数据库主要包括"留言信息意见表"和"管理信息表"两个数据表，"留言信息意见表"命名为gbook，"管理信息表"命名为admin。

制作的步骤如下：

步骤01　在phpMyAdmin中建立数据库gbook，单击 📷 **数据库** 命令打开本地的"数据库"管理页面，在"新建数据库"文本框中输入数据库的名称gbook，单击后面的数据库类型下拉按钮，在弹出的下拉列表框中选择utf8_general_ci选项，单击"创建"按钮，如图7-3所示，返回"常规设置"页面，在数据库列表中就已经建立了gbook的数据库。

图 7-3　开始建数据表

步骤02　单击左边的gbook数据库将其连接上，打开"新建数据表"页面，分别输入数据表名gbook和admin（即创建2个数据表），设计gbook的字段结构如表7-2所示。输入字段名以及设置数据类型的相关数据，如图7-4所示。

表7-2　留言簿信息表gbook

字段名称	数据类型	字段大小	必填字段
ID	int	11	是（自动编号）
subject	varchar	50	是
content	text		是
reply	text		
date	date		是
redate	date		
IP	varchar	50	是
passid	varchar	20	是

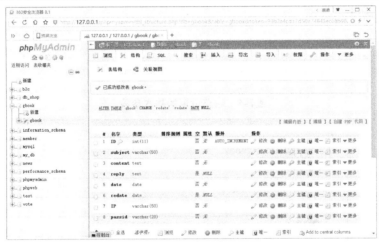

图 7-4　创建的数据表 gbook

步骤03　创建admin数据表，参见表7-3。用于后台管理者登录验证，输入数据域名以及设置数据域位的相关数据，如图7-5所示。

表7-3　管理信息数据表admin

字段名称	数据类型	字段大小	必填字段
id	int	长整型	
username	varchar	50	是
password	varchar	50	是

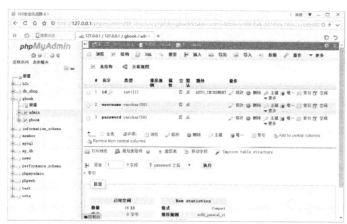

图 7-5　创建的 admin 数据表

数据库创建完毕以后，对于本系统而言下一步是如何取得访问者的IP地址。

7.2.2　定义系统站点

在Dreamweaver CC 2017中创建一个"留言簿管理系统"网站站点gbook，由于这是PHP数据库网站，因此必须设置本机数据库和测试服务器，主要的设置如表7-4所示。

表7-4　站点设置的基本参数

站点名称	gbook
本机根目录	D:\xampp\htdocs\gbook
测试服务器	D:\xampp\htdocs\
网站测试地址	http://127.0.0.1/gbook/
MySQL服务器地址	D:\xampp\mysql\data\gbook
管理账号 / 密码	root / 空
数据库名称	gbook

创建gbook站点具体操作步骤如下：

步骤01　首先在D:\xampp\htdocs路径下建立gbook文件夹（如图7-6所示），本章所有建立的网页文件都将放在该文件夹下。

图 7-6　建立站点文件夹 gbook

步骤02 运行Dreamweaver CC 2017，执行菜单栏中的"站点"→"管理站点"命令，打开"管理站点"对话框，如图7-7所示。

图 7-7 "管理站点"对话框

步骤03 对话框的上边是站点列表框，其中显示了所有已经定义的站点。单击右下方的"新建站点"按钮，打开"站点设置对象"对话框，进行如图7-8所示的参数设置。

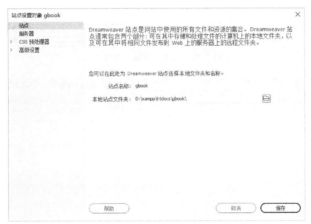

图 7-8 建立 gbook 站点

步骤04 单击列表框中的"服务器"选项，并单击"添加服务器"按钮 ➕，打开"基本"选项卡进行如图7-9所示的参数设置。

图 7-9 设置"基本"选项卡

步骤05 设置后再单击"高级"选项卡,打开"高级"服务器设置对话框,选中"维护同步信息"复选框,在"服务器模型"下拉列表框中选择PHP MySQL选项,表示是使用PHP开发的网页,其他的保持默认值,如图7-10所示。

图 7-10 设置"高级"选项卡

步骤06 单击"保存"按钮,返回"服务器"设置界面,选中"测试"单选按钮,如图7-11所示。

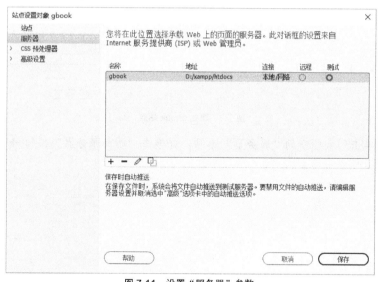

图 7-11 设置"服务器"参数

步骤07 单击"保存"按钮,则完成站点的定义设置。在Dreamweaver CC 2017中就已经拥有了刚才所设置的站点gbook。单击"完成"按钮,关闭"管理站点"对话框,这样就完成了在Dreamweaver CC 2017中测试留言簿管理系统网页的网站环境设置。

7.2.3 数据库连接

完成了站点的定义后，接下来就是用户系统网站与数据库之间的连接，网站与数据库的连接设置如下：

步骤01 将源代码gbook文件包中设计的本章文件复制到站点文件夹下，打开index.php，如图7-12所示。

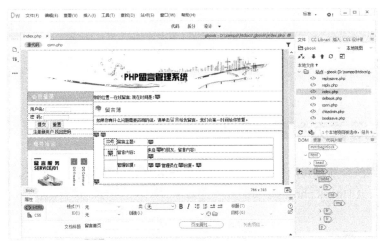

图 7-12 打开网站首页

步骤02 单击菜单栏上的"文件"→"新建"命令，新建conn.php数据库连接文件，代码如下：

```php
<?php
//建立数据库连接;
 $conn=mysqli_connect("localhost","root","","gbook");
//设置字符为utf-8, @抑制字符变量的声明提醒。
@ mysqli_set_charset ($conn,utf8);
@ mysqli_query($conn,utf8);
//如果连接错误显示错误原因。
if (mysqli_connect_errno($conn))
{
    echo "连接 MySQL 失败: " . mysqli_connect_error();
}
?>
```

编辑的页面效果如图7-13所示。

图 7-13   conn.php 动态页面

7.3 留言簿首页和留言页面

留言簿管理系统分前台和后台两部分，这里首先制作前台部分的动态网页，主要有留言簿首页index.php和留言页面book.php。

7.3.1 留言首页

在留言首页index.php中，单击"留言"超链接时，打开留言页面book.php，访问者可以在上面自由发表意见，但管理人员可以对恶性留言进行删除、修改等。

其详细制作的步骤如下：

步骤01   打开静态页面index.php，然后在"现在时间是："后面加一个PHP代码：

```php
<?php
echo date("Y-m-d h:i:s");
?>
```

得到系统当前时间，为文字"留言"添加一个超链接，链接到book.php，效果如图7-14所示。

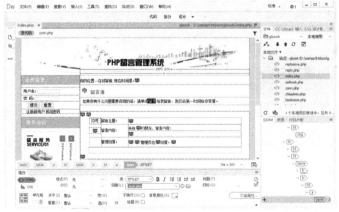

图 7-14   首页的效果图

步骤02 单击 "代码" 标签, 切换到代码窗口, 设置一个记录集查询:

```php
<?php
    $sql=mysqli_query($conn,"select count(*) as total from gbook");
    //建立统计有记录集总数查询
    $info=mysqli_fetch_array($sql);
    //使用mysqli_fetch_array获取所有记录集
    $total=$info['total'];
    //定义变量$total值为记录集的总数
    if($total==0)
    {
      echo "本系统暂无任何留言!";
    }
    //如果记录总数为0则显示无数据
    else
    {
    ?>


        <?php
        $pagesize=5;
         //设置每页显示5条记录
        if ($total<=$pagesize){
          $pagecount=1;
           //定义$pagecount初始变量为1页
          }
          if(($total%$pagesize)!=0){
            $pagecount=intval($total/$pagesize)+1;
          //取页面统计总数为整数
          }else{
            $pagecount=$total/$pagesize;

          }
          if((@ $_GET['page'])==""){
            $page=1;
          //如果总数小于5则页码显示为1页
          }else{
            $page=intval($_GET['page']);
          //如果大于5条则显示实际的总数
          }

    $sql1=mysqli_query($conn,"select * from gbook where passid=0 order by ID asc
limit ".($page-1)*$pagesize.",$pagesize ");
        //从gbook数据表按条件为passid为0,同时按ID升序排序查询出所有数据
    while($info1=mysqli_fetch_array($sql1))
        //使用mysqli_fetch_array查询所有记录集,并定义为$info1
  {
?>
```

当此SQL语句从数据表gbook中查询出所有的passid字段值为0的记录时, 表示此留言已经通过管理员的审核, 如图7-15所示。

图 7-15　输入 SQL 语句

步骤03　完成记录集的查询，然后将此字段插入至index.php网页的适当位置，如图7-16所示。

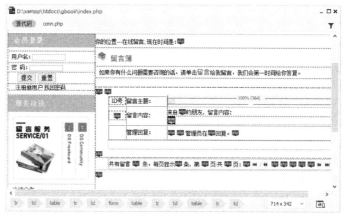

图 7-16　绑定字段

步骤04　在"管理回复"单元格中，根据数据表中的回复字段reply是否为空，来判断管理者是否访问过。如果该字段为空，则显示"对不起，暂无回复！"字样信息；如果该字段不为空，则表明管理员对此留言进行了回复，同时还会显示回复的时间和内容。

步骤05　在"代码"视图上，选中"管理回复"单元格，找到"对不起，暂无回复！"字样，并加入代码，如图7-17所示。

```
192 ▼            <tr>
193                  <td bgcolor="#F3F3F3"> </td>
194                  <td height="30" bgcolor="#F3F3F3">管理回复：</td>
195 ▼            <td>
196 ▼                <?php echo $info1['reply'];?>
197       <?php
198       if($info1['reply']= empty($info1['reply'])) {
199        echo "对不起，暂无回复！";}   //如果reply字段为空则显示
200 ▼    else {
201       //如果不为空则显示以下的内容
202       ?>
203   管理员在<?php echo $info1['redate'];?>回复。
204       <?php
205           }
206       ?>
207
208                  </td>
209              </tr>
210          </table>
```

图 7-17　加入代码

```
<?php echo $info1['reply'];?>
 <?php
if($info1['reply']= empty($info1['reply'])) {
 echo "对不起，暂无回复！";}
//如果reply字段为空则显示
else {
//如果不为空则显示以下的内容
   ?>
管理员在<?php echo $info1['redate'];?>回复。
   <?php
   }
   ?>
```

步骤06 由于index.php页面显示的是数据库中的部分记录，而目前的设定则只会显示数据库的第一笔数据，因此需要加入"服务器行为"中"重复区域"的设定，并要加入"记录集导航条"，实现的代码如下：

```
<td>共有留言
<?php
echo $total;//显示总页数
?>
 条，每页显示 <?php echo $pagesize;//打印每页显示的总条数; ?> 条，
  第  <?php echo $page;//显示当前页码; ?> 页 / 共  <?php echo
$pagecount;//打印总页码数 ?> 页:
<?php
        if($page>=2)
               //如果页码数大于等于2则执行下面程序
        {
        ?>
<a href="index.php?page=1" title="首页"><font face="webdings"> 9 </font></a> /
<a href="index.php?id=<?php echo $id;?>&amp;page=<?php echo $page-1;?>" title="
前一页"><font face="webdings"> 7 </font></a>
   <?php
        }
        if($pagecount<=4){
               //如果页码数小于等于4执行下面程序
         for($i=1;$i<=$pagecount;$i++){
        ?>
<a href="index.php?page=<?php echo $i;?>"><?php echo $i;?></a>
<?php
        }
        }else{
        for($i=1;$i<=4;$i++){
        ?>
<a href="index.php?page=<?php echo $i;?>"><?php echo $i;?></a>
<?php }?>
<a href="index.php?page=<?php echo $page-1;?>" title="后一页"><font face=
"webdings"> 8 </font></a> <a href="index.php?id=<?php echo $id;?>&amp;page=<?php
echo $pagecount;?>" title="尾页"><font face="webdings"> : </font></a>
   <?php }?>
</td>
```

步骤07 留言簿管理系统的首页index.php设计完成。打开浏览器，在地址栏中输入

http://127.0.0.1/gbook/ index.php，对首页进行测试，由于现在数据库中没有数据，所以测试效果如图7-18所示。

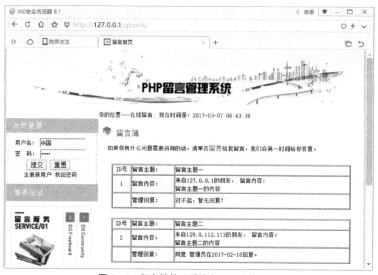

图 7-18   留言簿管理系统主页测试效果图

7.3.2   留言页面

本小节将要实现访问者在线留言功能，通过INSERT INTO命令实现"插入记录"功能，即将访问者填写的内容插入到数据表gbook中。

制作步骤如下：

步骤01   执行菜单栏"文件"→"新建"命令打开"新建文档"对话框，创建新页面，执行菜单栏"文件"→"另存为"命令，将新建文件在根目录下保存为book.php。

步骤02   供访问者留言的静态页面book.php与主页面index.php大体一致，页面效果如图7-19所示。

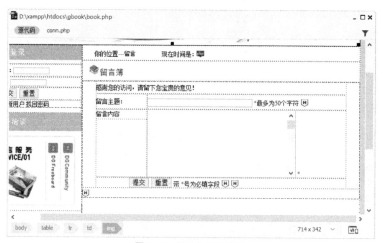

图 7-19   设计的页面效果

步骤03 在留言簿表单内部，分别执行三次"插入记录"→"表单"→"隐藏区域"命令，插入三个隐藏区域，选中其中一个隐藏区域，将其命名为IP，并在属性面板中对其赋值，如图7-20所示。

```
<input name="IP" type="hidden" id="IP" value="<?php echo $_SERVER['REMOTE_
ADDR'];?>" />
//自动取得用户的IP地址
```

图 7-20　设定 IP 值

步骤04 再选择另外一个隐藏区域并命名为date，并在"值"文本框中输入获取系统时间的代码，如图7-21所示。

```
<input name="date" type="hidden" id="date" value="<?php
echo date("Y-m-d");
?>">
//获取系统即时时间
```

图 7-21　获取时间

步骤05 同样设置第3个隐藏区域的字段名称为passid、"值"为0，表示任何留言者在留言时生成的passid值为0，管理者可以根据这个值进行判断，方便后面的管理，如图7-22所示。

图 7-22　设置 passid 值为 0

步骤06 选择<form>标签，加入跳转到booksave.php页面进行"插入记录"的操作，booksave.php的代码如下：

```
<meta http-equiv="Content-Type" content="text/html; charset=utf-8">
<?php
include("conn.php");
$subject=$_POST['subject'];
$content=$_POST['content'];
$date=$_POST['date'];
$IP=$_POST['IP'];
$passid=$_POST['passid'];
```

```
mysqli_query($conn,"insert   into   gbook   (subject,content,date,IP,passid)
values ('$subject','$content','$date','$IP','$passid')");
    echo "<script>alert('添加留言成功!');history.back();</script>";
    ?>
```

完成后的设置如图7-23所示。

图 7-23   "插入记录"文档编辑效果图

步骤07   回到网页设计编辑页面，完成页面book.php插入记录的设置。

步骤08   有些访问者进入留言页面book.php后，不填任何数据就直接把表单送出，这样数据库中就会自动生成一笔空白数据，为了阻止这种现象发生，须加入"检查表单"的行为。具体操作是在book.php的标签检测区中，单击<form1>这个标签，加入JavaScript验证功能。

```
<form method="POST" action="booksave.php" name="form1" id="form1" onSubmit=
"return chkinput(this)">
```

步骤09   "检查表单"行为会根据表单的内容来设定检查方式，留言者一定要填入标题和内容，因此将subject、content这两个字段的值设置为"必需的"，这样就可完成"检查表单"的行为设定了，实现的JavaScript语法如下：

```
<script language="javascript">
  function chkinput(form)
  {
    if(form.subject.value=="")
  {
  alert("请输入留言主题!");
  form.subject.select();
  return(false);
  }
    if(form.content.value=="")
  {
  alert("请输入留言内容!");
  form.content.select();
  return(false);
  }
  return(true);
  }
</script>
```

步骤10 完成留言页面的设计，如图7-24所示。

图 7-24　完成的页面设计

7.4 系统后台管理功能

留言簿后台管理系统可以使系统管理员通过admin_login.php页面进行登录管理，管理者登录入口页面的设计效果如图7-25所示。

图 7-25　系统管理入口页面

7.4.1 管理者登录

管理页面是不允许一般网站访问者进入的，必须受到权限约束。详细操作步骤如下：

步骤01 执行菜单栏"文件"→"新建"命令，创建新页面，输入网页标题"管理者登录"，执行菜单"文件"→"保存"命令，在站点news文件夹中的admin文件夹中将该文档保存为admin_login.php。

步骤02 执行菜单"插入"→"表单"→"表单"命令，插入一个表单。

步骤03 将光标放置在该表单中，执行菜单"插入"→"表格"命令，打开"表格"对话框。在"行数"文本框中输入需要插入表格的行数4；在"列"文本框中输入需要插入表格的列数2；在"表格宽度"文本框中输入400像素；其他的选项保持默认值。

步骤04 单击"确定"按钮，在该表单中插入了一个4行2列的表格，选择表格，在"属性"面板中设置"对齐方式"为"居中对齐"。拖动鼠标选中第1行表格的所有单元格，在"属性"面板中单击田按钮，将第1行表格合并。用同样的方法将第4行表格合并。

步骤05 在该表单中的第1行中输入文字"留言后台管理中心"，在表格的第2行第1个单元格中输入文字说明"用户："，在第2行表格的第2个单元格中单击"文本域"按钮□，插入单行文本域表单对象，定义文本域名为username，"文本域"属性设置如图7-26所示。

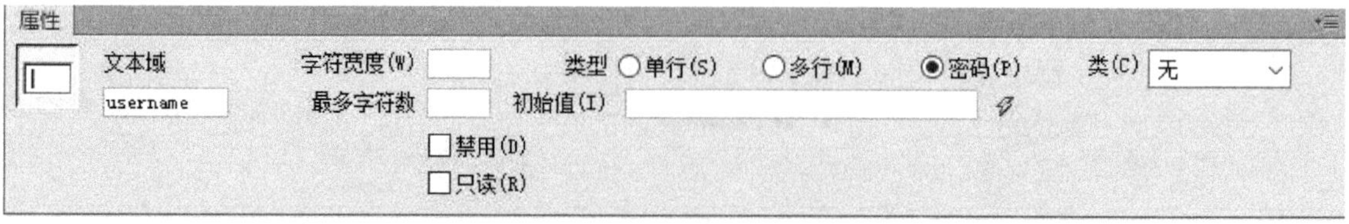

图 7-26 输入"用户"名和插入"文本域"的设置

步骤06 在第3行表格中，输入文字说明"密码："，在第3行表格的第2个单元格中单击"文本域"按钮□，插入单行文本域，定义文本域名为password，"文本域"属性设置如图7-27所示。

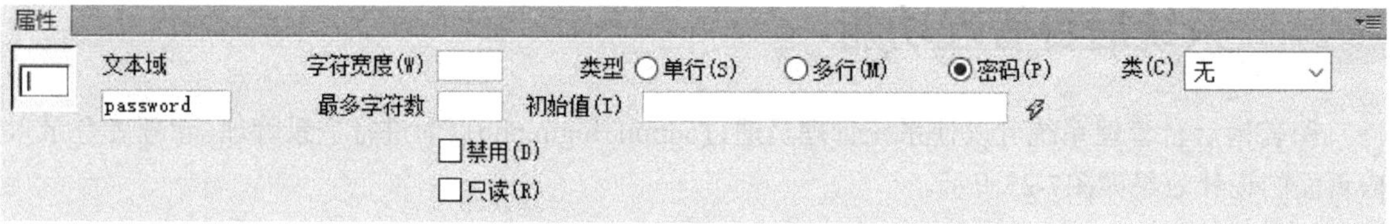

图 7-27 输入"密码"名和插入"文本域"的设置

步骤07 单击选择第4行单元格，执行两次菜单"插入"→"表单"→"按钮"命令，插入两个按钮，并分别在"属性"面板中进行属性变更，一个为登录时用的"提交表单"选项，一个为"重设表单"选项，"属性"的设置分别如图7-28和图7-29所示。

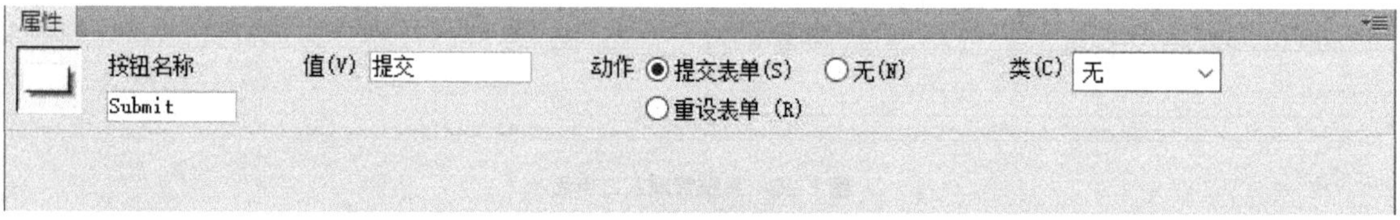

图 7-28 设置按钮名称的属性 1

图 7-29 设置按钮名称的属性 2

步骤08 在标签栏选择<form>标签，设置跳转到chkadmin.php页面进行验证，如图7-30所示。

图 7-30　用户登录的设定

步骤09 新建立一个chkadmin.php动态页面，输入验证的代码如下：

```php
<meta http-equiv="Content-Type" content="text/html; charset=utf-8">
<?php
include("conn.php");
$username=$_POST['username'];
$userpwd=$_POST['password'];
class chkinput{
  var $name;
  var $pwd;
  function chkinput($x,$y){
    $this->name=$x;
    $this->pwd=$y;
  }
  function checkinput(){
    include("conn.php");
    $sql=mysqli_query($conn,"select * from admin where username='".$this->name."'");
    $info=mysqli_fetch_array($sql);
    if($info==false){
  echo "<script language='javascript'>alert('管理员名称输入错误！');history.back();</script>";
      exit;
      }
    else{
    if($info['password']==$this->pwd)
        {
          session_start();
        $_SESSION['username']=$info['username'];
          header("location:admin.php");
          exit;
        }
      else {
        echo "<script language='javascript'>alert('密码输入错误！');history.back(); </script>";
          exit;
        }
      }
    }
  }
  $obj=new chkinput(trim($username),trim($userpwd));
  $obj->checkinput();
?>
```

步骤10 完成后台管理入口页面admin_login.php的设计与制作。

7.4.2 管理主页面

后台管理页面admin.php是管理者由登录页面验证成功后所跳转到的页面，这个页面提供删除和编辑留言的功能，效果如图7-31所示。

图 7-31 "管理页面"的设计效果

操作步骤如下：

步骤01 admin.php页面的动态程序查询部分功能和index.php是相同的，在这里不作说明，不同之处是加入访问的限制和两个功能的跳转操作，制作后的页面效果如图7-32所示。

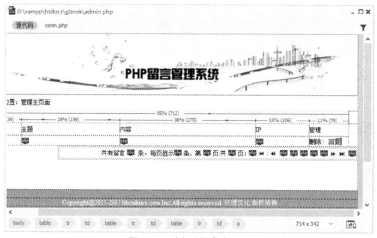

图 7-32 后台登录成功页面

步骤02 单击页面中的"回复"文字，在"属性"面板中找到建立链接的部分，并单击"浏览文件"图标，在弹出的对话框中选择用来显示详细记录信息的页面reply.php，如图7-33所示。

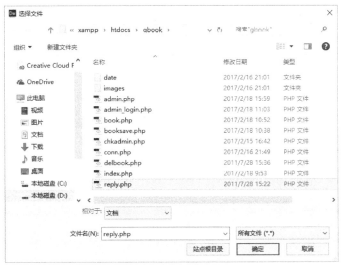

图 7-33　选择链接文件

步骤03　设置超级链接要附带的 URL 参数的名称与值。将参数名称命名为 ID，<a href="reply.php?ID=<?php echo $info1['ID']; ?>">回复</a>，值设置如图7-34所示。

图 7-34　设置超链接值

步骤04　选取编辑页面中的"删除"二字，在"属性"面板中找到建立链接的部分，并单击"浏览文件"图标，在弹出的对话框中选择用来显示对一些非法留言进行删除的页面delbook.php，并设置传递ID参数，如图7-35所示。

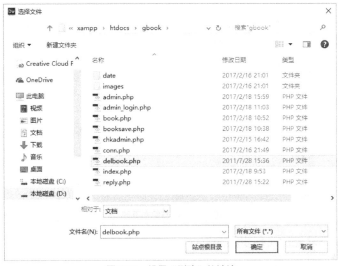

图 7-35　设置"删除"的链接

步骤05　设置超级链接要附带的 URL 参数的名称与值。将参数名称命名为 ID，<a

href="delbook.php?ID=<?php echo $info1['ID']; ?>">删除</a>，值设置如图7-36所示。

图 7-36　设置超链接值

步骤06 回到编辑页面，增加限制对页面的访问功能，设置如果访问被拒绝，则转到admin_login.php页面。

```php
<?php
require_once('conn.php');
session_start();
if(@ $_SESSION['username']=="")
 {
   echo "<script>alert('您还没有登录,
请先登录!');window.location.href='admin_login.php';</script>";
   exit;
 }
?>
```

完成了后台管理页面admin.php的制作。

7.4.3 回复留言页面

回复留言的功能主要通过reply.php页面对用户留言进行回复，实现的方法是将数据库的相应字段绑定到页面中，管理员在"回复内容"中填写内容，单击"回复"按钮，可以将回复内容更新到gbook数据表中，页面效果如图7-37所示。

图 7-37　回复留言页面

回复留言页面动态功能的实现步骤如下：

步骤01 创建reply.php页面，设置一个动态记录集查询，设置"筛选"的方法为：ID = URL参数 ID。

```php
<?php
$ID=@ $_GET['ID'];
$sql=mysqli_query($conn,"select * from gbook where ID='".$ID."'");
$info=mysqli_fetch_array($sql);
?>
```

步骤02　绑定记录集后，再将绑定字段插入至reply.php网页的适当位置，如图7-38所示。

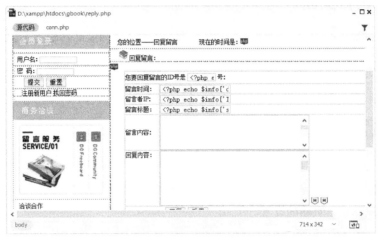

图 7-38　在页面插入绑定字段

步骤03　在本页面中添加两个隐藏区域，一个为redate，用来设定回复时间，赋值等于<?php echo date("Y-m-d");?>；另外一个是passid，用来决定是否通过审核的一个权限，赋值为0时就自动通过审核，如图7-39所示。

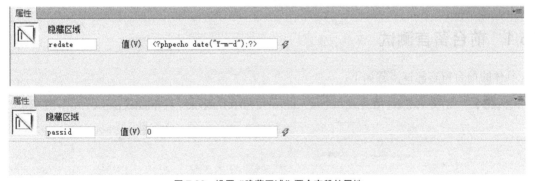

图 7-39　设置"隐藏区域"两个字段的属性

步骤04　新建replysave.php动态页面，用于根据留言内容对数据库中的数据进行更新，这里要特别注意的只是更新回复的内容和时间，其他的字段保持不变，实现的代码如下：

```php
<meta http-equiv="Content-Type" content="text/html; charset=utf-8">
<?php
include("conn.php");
$ID=$_POST['ID'];
$reply=$_POST['reply'];
$redate=$_POST['redate'];
mysqli_query($conn,"update gbook set reply='$reply',redate='$redate' where
id='$ID'");
```

```
      echo "<script>alert('修改成功!');</script>";
header("location:admin.php");
?>
```

这样就完成回复留言页面的设置。

7.4.4 删除留言页面

删除留言页面为delbook.php，其功能是将表单中的记录从相应的数据表中删除，实现的代码如下：

```
<meta http-equiv="Content-Type" content="text/html; charset=utf-8">
<?php
session_start();
include("conn.php");
$ID=$_GET['ID'];
mysqli_query($conn,"delete from gbook where ID='$ID'");
header("location:admin.php");
?>
```

这样就完成删除留言页面的设置。

7.5 留言簿系统测试

留言簿系统部分用到了手写代码，特别是留言的日期和回复日期，其中还涉及了留言者的IP采集，为了检查开发系统的正确性，需要测试留言功能的执行情况。

7.5.1 前台留言测试

具体的前台留言测试步骤如下：

步骤01 打开浏览器，在地址栏中输入http://127.0.0.1/gbook/，打开index.php文件，如图7-40所示。

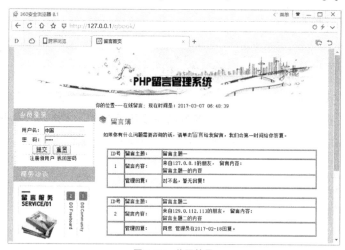

图 7-40 首页效果

步骤02 单击"留言"超链接，就可以进入留言页面book.php，如图7-41所示。

图 7-41　留言页面效果图

步骤03 开始检测留言簿功能，在"留言主题"栏中填写"测试的留言主题"，在"留言内容"栏中填写"测试留言的内容"。填写完毕后，单击"提交"按钮，此时打开index.php页面，可以看到多了一个刚填写的数据，如图7-42所示。

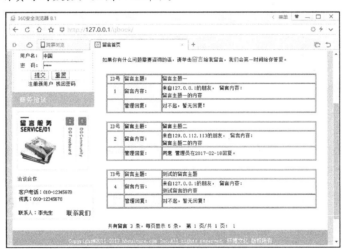

图 7-42　向数据表中添加的数据

7.5.2　后台管理测试

后台管理在留言簿管理系统中起着很重要的作用，制作完成后也要进行测试，操作步骤如下：

步骤01 打开浏览器，在地址栏中输入 http://127.0.0.1/gbook/admin_login.php，打开 admin_login.php文件，如图7-43所示。在网页表单对象的文本框及密码框中输入用户名及密码，输入完毕后单击"提交"按钮。

图 7-43 后台管理入口

步骤02 如果在上一步中填写的登录信息是错误的，则浏览器就会提示相关的错误信息，如果输入的用户名和密码都正确，则进入admin.php页面，如图7-44所示。

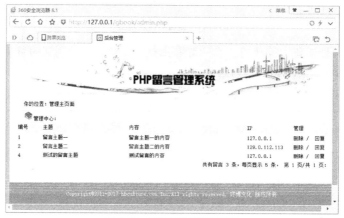

图 7-44 打开的留言管理页面

步骤03 单击"删除"超链接，进入删除页面delbook.php，并自动将该留言信息删除。删除留言后返回留言管理页面admin.php。

步骤04 在留言管理页面单击"回复"超链接，则进入回复页面reply.php，如图7-45所示。

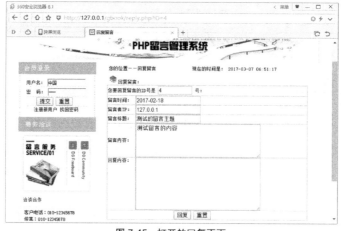

图 7-45 打开的回复页面

步骤05 当填写回复内容 "回复测试"，并单击 "回复" 按钮，将成功回复留言。

本实例制作的留言簿管理系统在功能上相对还是比较简单的，读者如果在实际开发中需要进行深入的开发，可以在此基础上做一些变化，使制作的留言簿能够更加人性化些。

第**8**章

全程实例六：网站论坛管理系统

　　论坛管理系统的主要功能是通过在计算机上运行服务软件，允许用户使用终端程序，通过Internet来进行连接，执行用户消息之间的交互功能；支持用户建贴、回复、搜索、查看等功能。本章将学习使用PHP语言实现论坛管理系统的开发方法，主要设计网站论坛管理系统的首页，用户可以在这里发布讨论的主题，并且也可以回复主题，版主可以对自己的栏目或版块进行新增、修改或者删除等操作。

本章的学习重点：

- 论坛管理系统的规划设计
- 建立论坛管理系统的数据库
- 新增主题、删除主题、回复主题的实现方法
- 论坛系统后台管理功能的开发
- 掌握在Dreamweaver中纯手写PHP代码的技巧

8.1　论坛管理系统的规划

论坛管理系统是基于各大网站对论坛的建设和管理需求而建立的交互系统，主要实现管理员对论坛版块和帖子进行管理。论坛管理系统的开发是比较复杂的，需要经过前期的系统规划。

8.1.1　页面设计规划

在本地站点上建立站点文件夹bbs，将要制作的系统文件如图8-1所示。

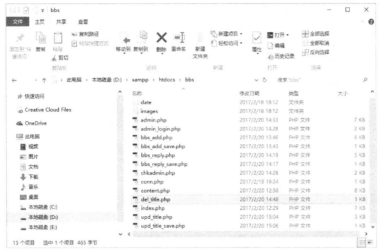

图 8-1　站点规划文件

本章要开发的BBS论坛系统页面的功能与文件名称如表8-1所示。

表8-1　BBS论坛系统网页设计表

页面名称	功能
index.php	显示主题和回复情况的页面
content.php	主要显示讨论主题的回复内容页面
bbs_add.php	增加讨论主题的页面
bbs_add_save.php	实现主题增加的动态页面
bbs_reply.php	对讨论主题进行回复的页面
admin_login.php	管理者登录入口页面
admin.php	对论坛进行管理页面
chkadmin.php	管理者登录验证页面
del_title.php	删除讨论主题的页面
upd_title.php	修改讨论主题的页面
upd_title_save.php	保存修改主题动态页面

8.1.2 页面美工设计

论坛系统的界面要求简洁明了，尽量不要使用过多的动画和大图片，这样可以提高论坛的加载速度。这里要制作的首页和详细内容页面效果如图8-2和图8-3所示。

图 8-2 首页的美工效果

图 8-3 详细内容页面效果

8.2 论坛管理系统数据库

制作论坛管理系统的数据库需要根据开发的系统大小而定，这里要设计用于讨论主题的信息表bbs_main，用于回复内容的信息表bbs_ref，最后还需要建立一个管理员进行管理的信息表admin。

8.2.1 数据库设计

首先建立一个bbs数据库，并在里面建立管理员管理信息表admin、讨论主题信息表bbs_main

和回复主题信息表bbs_ref，这三个数据表作为任何数据的查询、新增、修改与删除的后端支持。

制作的步骤如下：

步骤01 在phpMyAdmin中建立数据库bbs，单击 数据库 命令，打开本地的"数据库"管理页面，在"新建数据库"文本框中输入数据库的名称bbs，单击后面的数据库类型下拉按钮，在弹出的下拉列表框中选择utf8_general_ci选项，单击"创建"按钮，返回"常规设置"页面，在数据库列表中就已经建立了bbs的数据库，如图8-4所示。

图 8-4　开始建数据表

步骤02 单击左边的bbs数据库将其连接上，打开"新建数据表"页面，分别输入数据表名admin、bbs_main以及bbs_ref，即创建3个数据表，如图8-5所示。

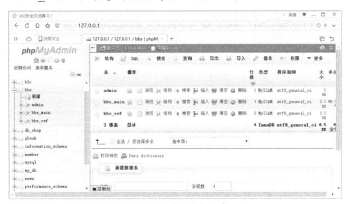

图 8-5　创建 3 个数据表

步骤03 bbs_main是用于存储论坛的主题表，输入数据名并设置相关数据（如图8-6所示），对访问者的留言内容做一个全面的分析，设计bbs_main的字段结构如表8-2所示。

表8-2　讨论主题bbs_main字段结构表

字段名称	数据类型	字段大小
bbs_ID	int	11
bbs_title	varchar	20

（续表）

字段名称	数据类型	字段大小
bbs_content	text	
bbs_name	varchar	20
bbs_time	varchar	20
bbs_face	varchar	20
bbs_sex	varchar	20
bbs_email	varchar	20
bbs_url	varchar	20
bbs_hits	int	11

图 8-6　bbs_main 数据表

步骤04　回复主题信息表bbs_ref字段采用如表8-3所示的结构。设计后的数据表如图8-7所示。

表8-3　回复主题bbs_ref字段结构表

字段名称	数据类型	字段大小
bbs_main_ID	int	11
bbs_ref_ID	int	自动编号
bbs_ref_name	varchar	20
bbs_ref_time	varchar	20
bbs_ref_content	text	
bbs_ref_sex	varchar	20
bbs_ref_url	varchar	20
bbs_ref_email	varchar	20

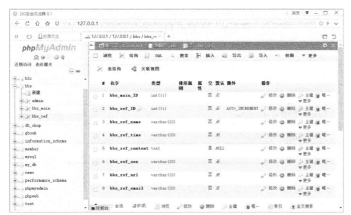

图 8-7　bbs_ref 数据表

步骤05　最后设计用于后台登录管理的admin数据表，字段采用如表8-4所示的结构。设计后的数据表如图8-8所示。

表8-4　管理员admin字段结构表

字段名称	数据类型	字段大小
ID	int	11
username	varchar	20
password	varchar	20

图 8-8　后台管理 admin 表

数据库创建完毕后，在后台管理数据表admin里输入用户名和密码，以方便后面登录查询使用。

8.2.2　论坛管理系统站点

在Dreamweaver CC 2017中创建一个"论坛管理系统"网站站点bbs，主要的设置如表8-5所示。

表8-5　站点设置的基本参数

站点名称	bbs
本机根目录	D:\xampp\htdocs\bbs
测试服务器	D:\xampp\htdocs\
网站测试地址	http://127.0.0.1/bbs/
MySQL服务器地址	D:\xampp\mysql\data\bbs
管理账号 / 密码	root / 空
数据库名称	bbs

创建bbs站点的具体操作步骤如下：

步骤01　首先在D:\xampp\htdocs路径下（如图8-9所示）建立bbs文件夹，本章所有建立的网页文件都将放在该文件夹下。

图 8-9　建立站点文件夹 bbs

步骤02　运行Dreamweaver CC 2017，选择菜单栏中的"站点"→"管理站点"命令，打开"管理站点"对话框，如图8-10所示。

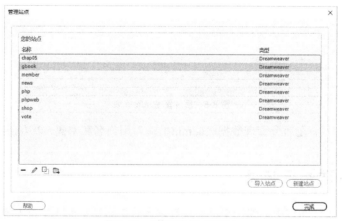

图 8-10　"管理站点"对话框

步骤03　对话框的上边是站点列表框，其中显示了所有已经定义的站点。单击右下方的"新建"按钮，打开"站点设置对象"对话框，进行如图8-11所示的参数设置。

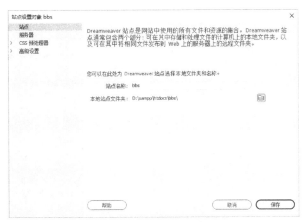

图 8-11 建立 bbs 站点

步骤04 单击列表框中的"服务器"选项，并单击"添加服务器"按钮 ，打开"基本"选项卡，进行如图8-12所示的参数设置。

图 8-12 设置"基本"选项卡

步骤05 设置后再单击"高级"选项卡，打开"高级"服务器设置界面，选中"维护同步信息"复选框，在"服务器模型"下拉列表框中选择PHP MySQL选项，表示是使用PHP开发的网页，其他的保持默认值，如图8-13所示。

图 8-13 设置"高级"选项卡

步骤06 单击"保存"按钮，返回"服务器"设置界面，选中"测试"单选按钮，如图8-14 所示。

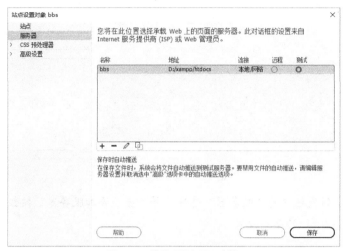

图 8-14 设置"服务器"参数

步骤07 单击"保存"按钮，则完成站点的定义设置。在Dreamweaver CC 2017中就已经拥有了刚才所设置的站点bbs。单击"完成"按钮，关闭"管理站点"对话框，这样就完成了在Dreamweaver CC 2017中测试网站论坛管理系统网页的环境设置。

8.2.3 设置数据库连接

完成了站点的定义后，需要在用户系统网站与数据库之间设置连接，网站与数据库的连接设置如下：

步骤01 将源文件bbs文件包中的本章文件复制到站点文件夹下，打开index.php论坛系统的首页，如图8-15所示。

图 8-15 打开网站首页

步骤02 新建conn.php数据库连接文件，设置"MySQL服务器"名为localhost、"用户名"

为root、"密码"为空、"连接名称"为bbs。

```php
<?php
//建立数据库连接
 $conn=mysqli_connect("localhost","root","","bbs");
//设置字符为utf-8,@抑制字符变量的声明提醒
@ mysqli_set_charset ($conn,utf8);
@ mysqli_query($conn,utf8);
//如果连接错误显示错误原因
if (mysqli_connect_errno($conn))
{
    echo "连接 MySQL 失败: " . mysqli_connect_error();
}
?>
```

8.3　发帖者页面

供访问者使用的页面有显示主题的页面index.php，讨论主题页面content.php以及回复讨论页面bbs_reply.php，下面就开始这三个页面的制作。

8.3.1　论坛首页

论坛系统的主页面index.php显示所有的讨论主题、每个主题的点击数、回复数以及最新回复时间。访问者可以单击要阅读的标题链接至详细内容，管理员单击"管理"图标进入管理页面，系统主页面index.php的设计效果如图8-16所示。

图 8-16　BBS 论坛系统主页面效果图

由本实例开始在Dreamweaver中的代码窗口中实现直接的PHP的代码编程，首页的代码如下，在PHP代码部分的功能都进行了黑体部分标注：

```php
<?php require_once('conn.php'); ?>
<html>
<head>
<meta http-equiv="Content-Type" content="text/html; charset=utf-8" />
<title>论坛管理系统</title>
```

```
<style type="text/css">
<!--
body {
 margin-top: 0px;
 background-color: #FFF;
}
body,td,th {
 font-family: 宋体;
 font-size: 12px;
}
.style18 {color: #FFFF00}
.style25 {font-size: 18px; font-weight: bold;}
.STYLE26 {font-size: 16px}
a:link {
 text-decoration: none;
 color: #000000;
}
a:visited {
 text-decoration: none;
 color: #000000;
}
a:hover {
 text-decoration: none;
 color: #FF0000;
}
a:active {
 text-decoration: none;
 color: #000000;
}
.STYLE28 {
 font-size: 13px;
 color: #FFFFFF;
}
-->
</style></head>
<body>
<table width="764" border="0" align="center" cellpadding="0" cellspacing="0">
  <tr>
    <td width="764"><img src="images/1 副本 .gif" width="764" height="179"
/></td>
  </tr>
  <tr>
    <td height="30"bgcolor="#FFFFFF"><table width="100%"border="0"cellpadding
="0" cellspacing="0">
    <tr>
    <td width="339" height="30">论坛讨论主题列表：</td>
    <td width="425"><table width="100%" border="0" cellspacing="0" cellpadding
="0">
    <tr>
    <td><div align="right"><a href="bbs_add.php"><img src="images/postnew.gif"
width="72" height="21" border="0" /></a> <a href="admin_login.php"><img
src="images/Editor.gif" width="59" height="20" border="0" /></a></div></td>
    </tr>
```

```
    </table></td>
  </tr>
</table></td>
  </tr>
  <tr>
    <td>
     <?php
     $sql=mysqli_query($conn,"select count(*) as total from bbs_main");
  //建立统计有记录集总数查询
     $info=mysqli_fetch_array($sql);
  //使用mysqli_fetch_array获取所有记录集
     $total=$info['total'];
  //定义变量$total值为记录集的总数
     if($total==0)
     {
       echo "本系统暂无任何数据!";
     }
  //如果记录总数为0则显示无数据
     else
     {
     ?>

     <table width="100%" border="1" cellpadding="0" cellspacing="0" bordercolor
="#66CCFF" bgcolor="#FFFFFF" >
     <tr>
     <td width="5%" height="29" background="../froum/images/dow3.gif">心情
</td>
     <td width="33%"> 发言主题 </td>
     <td width="12%"> 作者</td>
     <td width="13%"> 回复次数 </td>
     <td width="14%"> 最新回复时间</td>
     <td width="9%">阅读</td>
     <td width="14%">发布时间 </td>
     </tr>
     <?php
      $pagesize=20;
       if ($total<=$pagesize){
         $pagecount=1;
         }
         if(($total%$pagesize)!=0){
           $pagecount=intval($total/$pagesize)+1;

         }else{
           $pagecount=$total/$pagesize;

         }
         if((@ $_GET['page'])==""){
           $page=1;
         }else{
           $page=intval($_GET['page']);
         }
     $sql1=mysqli_query($conn,"select * from bbs_main limit ".($page-1)*$pagesize.
",$pagesize ");
```

```
            while($info1=mysqli_fetch_array($sql1))
          {
        ?>
      <tr>
  <td><img src="<?php echo $info1['bbs_face']; ?>" alt="" name=""></td>
    <td       height="40"><a       href="content.php?bbs_id=<?php    echo    $info1
['bbs_ID']; ?>"><?php echo $info1['bbs_title'];?></a></td>
    <td><a href="content.php?bbs_id=<?php echo $info1['bbs_ID']; ?>"><?php echo
$info1['bbs_name'];?></a></td>
    <?php
    $bbs_main_id=$info1['bbs_ID'];
    $sql2=mysqli_query($conn,"select count(bbs_main_id) as ReturnNum from bbs_ref
where bbs_main_id='$bbs_main_id' ");
    //统计出总共的回复数
    $info2=mysqli_fetch_array($sql2);
    ?>
    <td><a href="content.php?bbs_id=<?php echo $info1['bbs_ID']; ?>"><?php echo
$info2['ReturnNum'];?></a></td>
    <?php
    $bbs_main_id=$info1['bbs_ID'];
    $sql3=mysqli_query($conn,"select max(bbs_ref_time) as LatesTime from bbs_ref
where bbs_main_id='$bbs_main_id' ");
    //统计出最新的查询时间
    $info3=mysqli_fetch_array($sql3);
    ?>
    <td><a href="content.php?bbs_id=<?php echo $info1['bbs_ID']; ?>"><?php
    if($info3['LatesTime']==0)
      {
      echo "暂时没有回复!";
      }
              else
      {
              echo $info3['LatesTime'];
      }
          ?></a></td>
        <td><a href="content.php?bbs_id=<?php echo $info1['bbs_ID']; ?>"><?php
echo $info1['bbs_hits'];?></a></td>
        <td><a href="content.php?bbs_id=<?php echo $info1['bbs_ID']; ?>"><?php
echo $info1['bbs_time'];?></a></td>
      </tr>
        <?php
  }
?>
    </table>
    <table width="100%" border="0" cellspacing="0" cellpadding="0">
      <tbody>
        <tr>
          <td style="text-align: right">共有主题
            <?php
          echo $total;//显示总页数
          ?>
  条，每页显示 <?php echo $pagesize;//打印每页显示的总条数; ?> 条， 
第 <?php echo $page;//显示当前页码; ?> 页/共 <?php echo $pagecount;//
```

打印总页码数 ?> 页：

```php
    <?php
            if($page>=2)
    //如果页码数大于等于2则执行下面程序
            {
            ?>
    <a href="index.php?page=1" title="首页"><font face="webdings"> 9 </font></a> /
<a href="index.php?id=<?php echo $id;?>&amp;page=<?php echo $page-1;?>" title="
前一页"><font face="webdings"> 7 </font></a>
    <?php
            }
             if($pagecount<=4){
    //如果页码数小于等于4执行下面程序
                for($i=1;$i<=$pagecount;$i++){
            ?>
    <a href="index.php?page=<?php echo $i;?>"><?php echo $i;?></a>
    <?php
                }
            }else{
            for($i=1;$i<=4;$i++){
            ?>
    <a href="index.php?page=<?php echo $i;?>"><?php echo $i;?></a>
    <?php }?>
    <a href="index.php?page=<?php echo $page-1;?>" title="后一页"><font face=
"webdings"> 8 </font></a> <a href="index.php?id=<?php echo $id;?>&amp;page=<?php
echo $pagecount;?>" title="尾页"><font face="webdings"> : </font></a>
    <?php }?></td>
            </tr>
          </tbody>
        </table>
        <?php
        }
         ?>
        <table   width="100%"   border="0"   cellpadding="0"   cellspacing="0"
bordercolor="#66CCFF" bgcolor="#FFFFFF" >
            <tr>
              <td width="100%" height="20"> </td>
            </tr>
            <tr style="text-align: center">
              <td height="40" bgcolor="#4DAFFE"><span class="STYLE28">Copyright @
2017 www.17skill.com Inc.All rights reserved. PHP论坛管理系统</span></td>
            </tr>
        </table></td>
      </tr>
    </table>
    </body>
    </html>
```

在index.php页面中有两个连接按钮"管理"与"发表话题"，设定其链接网页如表8-6所示。

表8-6　按钮链接的页面表

按钮名称	链接页面
管理	admin_login.php
发表话题	bbs_add.php

8.3.2　讨论主题

讨论主题内容页面content.php是实现讨论主题的详细内容页面。这个页面会显示讨论主题的详细内容与所有回复者的回复内容，其静态页面设计如图8-17所示。

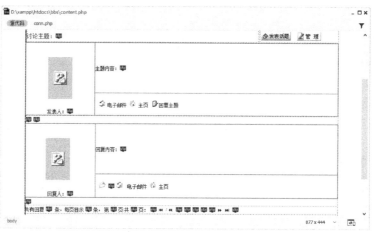

图 8-17　讨论主题内容页面设计效果图

实现该动态页面的代码如下，其中黑体加粗标记的为核心累加的代码：

```php
<?php require_once('conn.php'); ?>
<?php
$bbs_ID=strval($_GET['bbs_id']);
mysqli_query($conn,"UPDATE bbs_main SET bbs_hits = bbs_hits + 1 WHERE bbs_ID
= '".$bbs_ID."'");
//阅读时首先要将阅读数增加1，即bbs_hits自动增加1
?>
<html>
<head>
<meta http-equiv="Content-Type" content="text/html; charset=utf-8" />
<title>论坛管理系统</title>
<style type="text/css">
<!--
body {
 margin-top: 0px;
}
body,td,th {
 font-family: Times New Roman, Times, serif;
 font-size: 12px;
}
.style18 {color: #FFFF00}
```

```
.style25 {font-size: 18px; font-weight: bold;}
a:link {
 text-decoration: none;
 color: #000000;
}
a:visited {
 text-decoration: none;
 color: #000000;
}
a:hover {
 text-decoration: none;
 color: #FF0000;
}
a:active {
 text-decoration: none;
 color: #FF0000;
}
.STYLE28 {    font-size: 13px;
 color: #FFFFFF;
}
.STYLE29 {
 color: #990000;
 font-size: 14px;
}
.STYLE26 {font-size: 16px}
-->
</style></head>
<body>
<table width="764" border="0" align="center" cellpadding="0" cellspacing="0">
  <tr>
    <td width="764"><img src="images/1副本.gif" width="764" height="179" /></td>
  </tr>

  <tr>
    <td  height="30"  bgcolor="#FFFFFF"><table  width="100%"  border="0"
cellspacing="0" cellpadding="0">
      <tr>
        <td width="572" height="30"><table width="99%" height="30" border="0"
align="center" cellpadding="0" cellspacing="0" bgcolor="#FFFFFF">
          <tr>
            <?php
        $sql2=mysqli_query($conn,"select * from bbs_main where bbs_ID=$bbs_ID ");
        $info2=mysqli_fetch_array($sql2);
            ?>
            <td valign="middle"><span class="STYLE29">

            讨论主题：<?php echo $info2['bbs_title']; ?> </span></td>
          </tr>
        </table></td>
        <td width="192"> <a href="bbs_add.php"><img src="images/postnew.
gif" width="72" height="21" /></a>     <a href="admin_login.
php"><img src="images/Editor.gif" width="59" height="20" /></a></td>
```

239

```
        </tr>
      </table></td>
    </tr>
    <tr>
      <td>


      <table width="100%" border="0" cellpadding="0" cellspacing="0" bgcolor=
"#FFFFFF">
        <tr>
          <td><table width="100%" border="1" cellpadding="0" cellspacing="0"
bgcolor="#FFFFFF">
            <tr>
              <td width="168" rowspan="2" bgcolor="#FFFFFF" valign="top"><p align=
"center"> </p>
                <p align="center"><img src="<?php echo $info2['bbs_sex']; ?>"
alt="" width="60" height="100"></p>
                <p align="center">发表人：<?php echo $info2['bbs_name']; ?></p></td>
              <td width="588" height="120" bgcolor="#FFFFFF">主题内容：<?php echo
$info2['bbs_content']; ?></td>
            </tr>
            <tr>
              <td height="25" bgcolor="#FFFFFF">   <img src=
"images/email.gif" width="16" height="16" />  <a href="mailto:<?php echo
$info2['bbs_email']; ?>">电子邮件</a>  <img src="images/home.gif" width="16"
height="16" />  <a href="http://<?php echo $info2['bbs_url']; ?>"> 主 页
</a>   <img src="images/write.gif" width="16" height="16" /><a href=
"bbs_reply.php?bbs_ID=<?php echo $info2['bbs_ID']; ?>">回复主题</a></td>
            </tr>
          </table></td>
        </tr>


        <tr>
          <td>
            <?php
    $sql=mysqli_query($conn,"select count(*) as total from bbs_ref where
bbs_main_ID=$bbs_ID");
    //建立统计有记录集总数查询
    $info=mysqli_fetch_array($sql);
    //使用mysqli_fetch_array获取所有记录集
    $total=$info['total'];
    //定义变量$total值为记录集的总数
    if($total==0)
    {
      echo "本系统暂无任何回复！";
    }
    //如果记录总数为0则显示无数据
    else
    {
    ?>
            <?php
      $pagesize=5;
      //设置每页显示5条记录
      if ($total<=$pagesize){
```

```
            $pagecount=1;
              //定义$pagecount初始变量为1页
            }
            if(($total%$pagesize)!=0){
                $pagecount=intval($total/$pagesize)+1;
            //取页面统计总数为整数
            }else{
                $pagecount=$total/$pagesize;

            }
            if((@ $_GET['page'])==""){
                $page=1;
            //如果总数小于5则页码显示为1页
            }else{
                $page=intval($_GET['page']);
            //如果大于5条则显示实际的总数
            }


    $sql1=mysqli_query($conn,"select * from bbs_ref where bbs_main_ID=$bbs_ID
limit ".($page-1)*$pagesize.",$pagesize ");
            //设置bbs_ref数据表按ID升序排序查询出所有数据
        while($info1=mysqli_fetch_array($sql1))
            //使用mysqli_fetch_array查询所有记录集，并定义为$info1
    {
    ?>


            <table width="100%" border="1" cellpadding="0" cellspacing="0">
              <tr>
                <td width="170" rowspan="2" bgcolor="#FFFFFF" valign="top"><p
align="center"> </p>
                  <p align="center"><img src="<?php echo $info1['bbs_ref_
sex']; ?>" alt="" width="60" height="100">    </p>
                  <p align="center"> 回 复 人 ： <?php echo $info1['bbs_ref_
name']; ?></p></td>
                <td width="587" height="120" bgcolor="#FFFFFF">回复内容:<?php
echo $info1['bbs_ref_content']; ?></td>
              </tr>
              <tr>
                <td height="25" bgcolor="#FFFFFF">   <img src=
"images/11.gif" width="16" height="15" />  <?php echo $info1['bbs_ref_
time']; ?> <img src="images/email.gif" width="16" height="16" /> 
   <a href="mailto:<?php echo $info1['bbs_ref_email']; ?>">电子邮件</a>
 <img src="images/home.gif" width="16" height="16" /> <a href=
"http://<?php echo $info1['bbs_ref_url']; ?>"> 主页</a></td>
              </tr>
            </table>
            <?php
    }
    ?>
            <table width="100%" border="0" cellspacing="0" cellpadding="0">
              <tbody>
                <tr>
```

```
                   <td>共有回复
                       <?php
             echo $total;//显示总页数
          ?>
     条，每页显示 <?php echo $pagesize;//打印每页显示的总条数; ?> 条，
  第  <?php echo $page;// 显示当前页码; ?> 页 / 共  <?php echo
$pagecount;//打印总页码数 ?> 页:
    <?php
         if($page>=2)
             //如果页码数大于等于2则执行下面程序
         {
         ?>
    <a href="content.php?page=1" title="首页"><font face="webdings"> 9 </font></a>
/ <a href="content.php?id=<?php echo $id;?>&amp;page=<?php echo $page-1;?>"
title="前一页"><font face="webdings"> 7 </font></a>
    <?php
         }
         if($pagecount<=4){
             //如果页码数小于等于4执行下面程序
          for($i=1;$i<=$pagecount;$i++){
         ?>
    <a href="content.php?page=<?php echo $i;?>"><?php echo $i;?></a>
    <?php
          }
         }else{
          for($i=1;$i<=4;$i++){
         ?>
    <a href="content.php?page=<?php echo $i;?>"><?php echo $i;?></a>
    <?php }?>
    <a href="content.php?page=<?php echo $page-1;?>" title=" 后 一 页 "><font
face="webdings"> 8 </font></a> <a href="content.php?id=<?php echo $id;?>&amp;page=
<?php echo $pagecount;?>" title="尾页"><font face="webdings"> : </font></a>
    <?php }?></td>
                   </tr>
                 </tbody>
              </table></td>
      </tr>
    </table>
    <?php
    }
      ?>
    </td>
   </tr>
</table>
<table width="764" align="center" cellpadding="0" cellspacing="0" bgcolor=
"#FFFFFF">
   <tr>
      <td width="749" height="1"> </td>
   </tr>
   <tr>
      <td height="40" bgcolor="#4DAFFE"><p style="text-align: center"><span
class="STYLE28"> Copyright @ 2017 www.17skill.com Inc.All rights reserved. PHP
论坛管理系统 </span></p>
```

```
        </td>
    </tr>
</table>
</body>
</html>
```

说明：

（1）选择主题表格中的文字"电子邮件"，然后单击"属性"面板中的"链接"文本框后面的"浏览文件"按钮，打开"选择文件"对话框，在该对话框中选中"数据源"单选按钮，然后在"域"列表框中选择"记录集（detail）"组中的bbs_email字段，并且在URL链接前面加上"mailto:"，如图8-18所示。

图 8-18　设置主题栏中的 email 的链接

（2）选择主题表格中的文字"主页"，单击"属性"面板中的"链接"文本框后面的"浏览文件"按钮，打开"选择文件"对话框，在该对话框中选中"数据源"单选按钮，然后在"域"列表框中选择"记录集（detail）"组中的bbs_url字段，并且在URL链接前面加上"http://"，如图8-19所示。

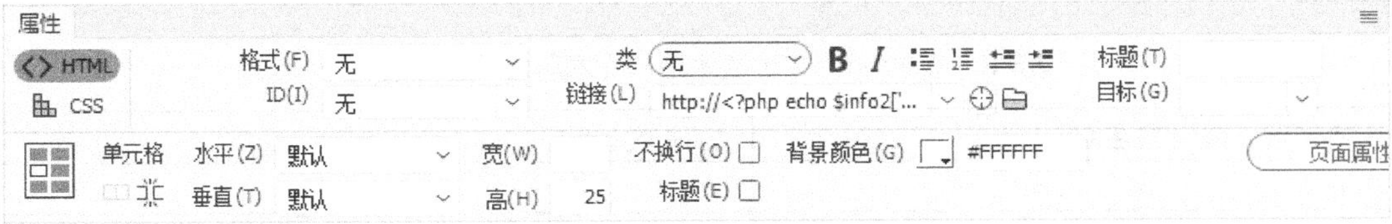

图 8-19　设置主题栏中的 url 链接

（3）在content.php页面中有两个链接图标"管理"与"发表话题"，必须设定其链接网页，如表8-7所示。

表8-7　按钮与链接页面表

按钮名称	链接页面
管理	admin_login.php
发表话题	bbs_add.php

（4）在BBS论坛系统主页面中设置了文章阅读统计功能，当访问者点击标题进入查看内容时，阅读统计数目就要增加一次。其主要的方法是更新数据表bbs_main里的bbs_hits字段来实现。实现的方法很简单，在代码加入如下更新的SQL语句：

```
01.UPDATE  bbs_main   //更新bbs_main数据表
02.SET bbs_hits = bbs_hits+1 //设置bbs_main数据表中的bbs_hits字段自动加1
03.WHERE bbs_ID = '".$bbs_ID."'   // bbs_ID的值等于$bbs_ID变量中的值
```

8.3.3 新增讨论

新增讨论主题页面bbs_add.php的功能是将页面的表单数据新增到站点的bbs_main数据表中，页面设计如图8-20所示。

图8-20 新增讨论主题页面效果图

详细操作步骤如下：

步骤01 在bbs_add.php页面设计中，表单form1中文本域和文本区域设置如表8-8所示。这里要注意"性别形象"和"心情"的单选按钮都要在属性面板中定义其值。

表8-8 表单form1中的文本域和文本区域设置方法表

文本（区）域/按钮名称	方法/类型
form1	POST
bbs_title	单行
bbs_name	单行
bbs_sex	单选按钮
bbs_face	单选按钮
bbs_email	单行
bbs_url	单行
bbs_content	多行
bbs_time	<?php echo date("Y-m-d");?>获取提交时的时间
bbs_hits	初始值为0
Submit	提交表单
Submit2	重设表单

步骤02 创建bbs_add_save.php页面，具体的代码如下：

```php
<meta http-equiv="Content-Type" content="text/html; charset=utf-8">
<?php
include("conn.php");
$bbs_title=$_POST['bbs_title'];
$bbs_name=$_POST['bbs_name'];
```

```
$bbs_sex=$_POST['bbs_sex'];
$bbs_face=$_POST['bbs_face'];
$bbs_email=$_POST['bbs_email'];
$bbs_url=$_POST['bbs_url'];
$bbs_content=$_POST['bbs_content'];
$bbs_time=$_POST['bbs_time'];
$bbs_hits=$_POST['bbs_hits'];
mysqli_query($conn, "insert into bbs_main (bbs_title, bbs_name, bbs_sex,
bbs_face,bbs_email,zbbs_url,bbs_content,bbs_time,bbs_hits) values ('$bbs_title',
'$bbs_name','$bbs_sex','$bbs_face','$bbs_email','$bbs_url','$bbs_content','$bb
s_time','$bbs_hits')");
    echo "<script>alert('添加论坛主题成功!');history.back();</script>";
?>
```

步骤03 按下F12键至浏览器测试一下。首先打开bbs_add.php页面再填写表单，填写表单资料如图8-21所示。

图 8-21　填写资料

步骤04 完成资料的填写后，单击"确定提交"按钮，将此资料发送到bbs_main数据表中。页面将返回到BBS讨论系统主页面index.php（如图8-22所示），表示发布新主题成功。

图 8-22　发表新主题成功

8.3.4 回复讨论

回复讨论主题页面bbs_reply.php的设计与讨论主题内容页面的制作相似，回复主题是将表单中填写的数据插入到bbs_ref数据表中，页面设计效果如图8-23所示。

图8-23　回复讨论主题页面设计

步骤01　由于在讨论主题内容页面content.php中，设定会有传递参数bbs_ID（主题编号）传递到这一页面，因此必须先将这个参数绑定到一个命名为bbs_main_ID的隐藏域中。在页面上插入一个隐藏域，并命名为bbs_main_ID，定义其值，如图8-24所示。

图8-24　设置隐藏域 bbs_main_ID 的值

步骤02　然后单击 代码 标签，切换到代码窗口，将如下的代码加入到第一行：

```php
<?php
$bbs_main_ID=strval($_GET['bbs_ID']);
?>
```

插入后如图8-25所示。

```
D:\xampp\htdocs\bbs\bbs_reply.php                                    _ □ ✕
 1 ▼ <?php
 2 ▼ $bbs_main_ID=strval($_GET['bbs_ID']);
 3   ?>
 4 ▼ <html>
 5 ▼ <head>
 6   <meta http-equiv="Content-Type" content="text/html; charset=utf-8" />
 7   <title>论坛管理系统</title>
 8 ▼ <style type="text/css">
 9 ▼ <!--
10 ▼ body {
11       margin-top: 0px;
12   }
13 ▼ body,td,th {
14       font-family: 宋体;
15       font-size: 12px;
16   }
17   .style18 {color: #FFFF00}
18   .style25 {font-size: 18px; font-weight: bold;}
19 ▼ a:link {
20       text-decoration: none;
21       color: #000000;
22   }
23 ▼ a:visited {
                                              PHP  ∨  INS  2:1     ▣
```

图8-25　插入接收变量的程序

步骤03 再插入一个隐藏字段bbs_ref_time，绑定为当时的时间：

```php
<?php
echo date("Y-m-d");
?>
```

属性面板的设置如图8-26所示。

属性				
Hidden	Name	bbs_ref_time	Value	<?php echo date("
	Form	∨		

图 8-26　设置隐藏区域值

步骤04 创建bbs_reply_save.php编辑页面，编程实现bbs_reply.php页面插入记录的设计。

```php
<meta http-equiv="Content-Type" content="text/html; charset=utf-8">
<?php
include("conn.php");
$bbs_main_ID=$_POST['bbs_main_ID'];
$bbs_ref_name=$_POST['bbs_ref_name'];
$bbs_ref_sex=$_POST['bbs_ref_sex'];
$bbs_ref_email=$_POST['bbs_ref_email'];
$bbs_ref_url=$_POST['bbs_ref_url'];
$bbs_ref_content=$_POST['bbs_ref_content'];
$bbs_ref_time=$_POST['bbs_ref_time'];
mysqli_query($conn, "insert into bbs_ref (bbs_main_ID, bbs_ref_name,
bbs_ref_sex,bbs_ref_email,bbs_ref_url,bbs_ref_content,bbs_ref_time) values
('$bbs_main_ID','$bbs_ref_name','$bbs_ref_sex','$bbs_ref_email','$bbs_ref_url'
,'$bbs_ref_content','$bbs_ref_time')");
echo "<script>alert('回复主题成功！');window.location.href='index.php';
</script>";
?>
```

步骤05 按下F12键至浏览器测试。首先打开首页面，选择其中任一个讨论主题，进入content.php页面，在content.php页面单击"回复主题"转到回复讨论主题bbs_reply.php页面，在bbs_reply.php页面填写表单，填写表单资料如图8-27所示。

图 8-27　填写表单资料

步骤06 完成资料的填写后，单击"确定提交"按钮，将此资料发送到bbs_ref数据表中。页面将返回到BBS讨论区系统内容页面index.php，在单击主题后可以看到回复，如图8-28所示，表示回复主题成功。

图 8-28　回复主题成功

8.4 论坛管理后台

论坛管理系统的后台管理比较重要，访问者在回复主题时回复一些非法或者不文明的信息时，管理员可以通过后台对这些信息进行删除。

8.4.1 版主登录

由于管理页面是不允许网站访问者进入的，必须受到权限管理，可以利用管理员账号和管理密码来判断是否有此用户，设计如图8-29所示。

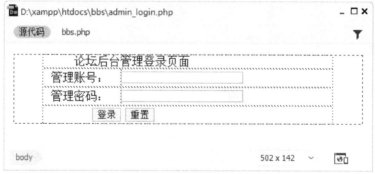

图 8-29　"BBS 论坛系统后台管理登录页面"设计

步骤01 新建立一个chkadmin.php动态页面，输入验证的代码如下：

```
<meta http-equiv="Content-Type" content="text/html; charset=utf-8">
```

```php
<?php
include("conn.php");
$username=$_POST['username'];
$userpwd=$_POST['password'];
class chkinput{
    var $name;
    var $pwd;
    function chkinput($x,$y){
      $this->name=$x;
      $this->pwd=$y;
     }
    function checkinput(){
      include("conn.php");
      $sql=mysqli_query($conn,"select * from admin where username='".$this->
name."'");
      $info=mysqli_fetch_array($sql);
      if($info==false){
     echo "<script language='javascript'>alert('管理员名称输入错误！');history.
back();</script>";
      exit;
       }
      else{
      if($info['password']==$this->pwd)
          {
            session_start();
           $_SESSION['username']=$info['username'];
            header("location:admin.php");
            exit;
          }
        else {
           echo "<script language='javascript'>alert('密码输入错误！');history.
back(); </script>";
            exit;
          }
       }
     }
   $obj=new chkinput(trim($username),trim($userpwd));
    $obj->checkinput();
?>
```

步骤02 完成后台管理入口页面admin_login.php的设计与制作。

8.4.2　版主管理

BBS论坛管理系统的后台版主管理页面是版主由登录的页面验证成功后所转到的页面。这个页面主要为版主提供对数据进行新增、修改、删除等操作。后台版主管理页面admin.php的内容设计与BBS论坛系统主页面index.php大致相同，不同的是加入可以转到所编辑页面的链接，页面效果如图8-30所示。

图 8-30　后台版主管理页面的设计

步骤01 在后台版主管理页面admin.php中，动态显示部分和index.php是一样的，所以可以直接将index.php另存为admin.php页面，然后加入"修改"和"删除"的两列表格。每个讨论主题后面都各有一个"修改"按钮和"删除"按钮，它们分别是用来修改和删除某个讨论主题的，但不是在这个页面执行，而是利用转到详细页面的方式，另外打开一个页面进行相应的操作。

步骤02 单击admin.php页面中的"删除"按钮，在"属性"面板中设置"链接"为del_title.php?bbs_ID=<?php echo $info1['bbs_ID']; ?>，如图8-31所示。

图 8-31　设置"链接"属性

步骤03 单击admin.php页面中的"修改"按钮，在"属性"面板中设置"链接"为upd_title.php?bbs_ID=<?php echo $info1['bbs_ID']; ?>，如图8-32所示。

图 8-32　设置"链接"属性

8.4.3　删除讨论

删除讨论页面del_title.php的功能不只是要删除所指定的主题，还要将跟此主题相关的回复留言从资料表bbs_ref中删除。

步骤01 详细代码如下：

```php
<?php require_once('conn.php'); ?>
```

```php
<?php
//从bbs_main表中删除讨论主题
$bbs_ID=strval($_GET['bbs_ID']);
echo $bbs_ID;
 mysqli_query($conn,"delete from bbs_main where bbs_ID='$bbs_ID'");

//从bbs_ref表中删除回复主题
$bbs_main_ID=strval($_GET['bbs_ID']);
echo $bbs_main_ID;
 mysqli_query($conn,"delete from bbs_ref where bbs_main_ID='$bbs_ID'");

  echo  "<script>alert(' 删 除 主 题 成 功 !');window.location.href='index.php';
</script>";
  ?>
```

步骤02　完成删除讨论页面的设置。

8.4.4　修改讨论

修改讨论主题页面upd_title.php的功能是更新主题的标题和内容到bbs_main数据表中，页面设计如图8-33所示。

图 8-33　修改讨论主题页面

步骤01　创建upd_title_save.php动态页面，编写程序如下：

```php
<meta http-equiv="Content-Type" content="text/html; charset=utf-8">
<?php
 include("conn.php");
 $bbs_ID=$_POST['bbs_ID'];
 $bbs_title=$_POST['bbs_title'];
 $bbs_content=$_POST['bbs_content'];
 mysqli_query($conn,"update bbs_main set bbs_title='$bbs_title',bbs_content=
'$bbs_content' where bbs_ID='$bbs_ID'");
 echo "<script>alert('修改成功!');</script>";
```

```
header("location:admin.php");
?>
```

步骤02 完成修改讨论主题页面的设置。

　　本实例到这一步骤就已经开发完成，读者通过学习可以掌握网站论坛管理系统的开发方法。在实际的网站开发应用中，可以结合本实例的一些技巧开发出功能更强大，需求更多的大型网站论坛管理系统。

第 **9** 章

全程实例七：翡翠电子商城前台

　　网上购物系统通常拥有产品发布功能、订单处理功能、购物车等动态功能。管理者登录后台管理，即可进行商品维护和订单处理操作。从技术角度来说主要是通过"购物车"就可以实现电子商务功能。网络商城是比较庞大的系统，它必须拥有会员系统、查询系统、购物流程、会员服务等功能模块，这些系统通过用户身份的验证统一进行使用，从技术角度上来分析难点就在于数据库中各系统数据表的关联。本章主要介绍使用PHP进行网上购物系统前台开发的方法，将系统地介绍翡翠电子商城的前台设计，数据库的规划以及常用的几个功能模块前台的开发。

本章的学习重点：

- 翡翠电子商城的系统规划
- 数据库的设计
- 首页动态功能开发
- 会员管理系统功能开发
- 新闻系统的开发
- 产品的定购功能开发
- 购物车功能的开发

9.1 翡翠电子商城系统规划

为了能系统地介绍使用PHP构建电子商务网站的过程,本章将模拟一个实用的翡翠电子商城网站的建设过程来详细介绍网站想拥有一个网上购物系统必须做哪些具体工作。在进行大型系统网站开发之前首先要做好开发前的系统规划,方便程序员进行整个网站的开发与建设。

9.1.1 电子商城系统功能

B2C电子商城实用型网站是在网络上建立一个虚拟的购物商场,让访问者在网络上购物。网上购物以及网上商店的出现,避免了挑选商品的烦琐过程,让人们的购物过程变得轻松、快捷、方便,很适合现代人快节奏的生活;同时又能有效地控制"商场"运营的成本,开辟了一个新的销售渠道。本实例是使用PHP+MySQL直接用手写程序完成的实例,完成的首页如图9-1所示。

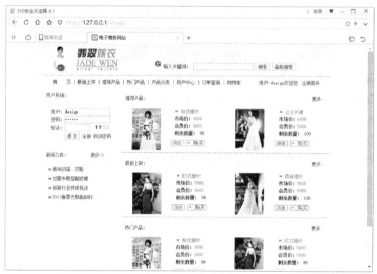

图 9-1 翡翠电子商城首页

本网站主要能够实现的功能如下:

(1)开发强大的搜索以及高级查询功能,能够让访问者快速地找到感兴趣的商品。

(2)采取会员制保证交易的安全性。

(3)流畅的会员购物流程:浏览商品→将商品放入购物车→提交订单支付货款。每个会员都有自己专用的购物车,可随时订购自己中意的商品,结账完成购物。购物的流程是指导购物车系统程序编写的主要依据。

(4)完善的会员中心服务功能:可随时查看账目明细、订单详情。

(5)设计会员价商品展示:能够显示企业近期所促销的一些会员价商品。

(6)人性化的会员与网站留言:可以方便会员和管理者进行沟通。

(7)后台管理模块:可以通过使用本地数据库,保证购物订单安全及时有效地进行处理,具有强大的统计分析功能,便于管理者及时了解财务状况、销售状况。

9.1.2 功能模块需求分析

将要构建的电子商城系统主要由如下几个功能模块组成：

（1）前台网上销售模块。指客户在浏览器中所看到的直接与店主面对面的销售程序，包括浏览商品、订购商品、查询定购、购物车等功能，本实例的搜索页面如图9-2所示。

图 9-2 用户搜索结果效果

（2）后台数据录入模块。前台所销售商品的所有数据，其来源都是后台所录入的数据。后台的产品录入页面如图9-3所示。

图 9-3 商品录入效果图

（3）后台数据处理功能模块。是相对于前台网上销售模块而言，网上销售的数据，都放在销售数据库中，对这部分的数据进行处理，是后台数据处理模块的功能。后台订单处理页面如图9-4所示。

（4）用户注册功能模块。用户当然并不一定立即就要买东西，可以先注册，任何时候都可以来买东西，用户注册的好处在于买完东西后无须再输入一大堆个人信息，只需将账号和密码输入就可以了，会员注册页面如图9-5所示。

图 9-4　后台定单处理页面

图 9-5　会员注册页面

（5）订单号模块。客户购买完商品后，系统会自动分配一个购物号码给客户，以方便客户随时查询账单处理情况，了解现在货物的状态。客户订购后结算中心页面效果如图9-6所示。

图 9-6　结算页面

（6）会员留言模块。客户能及时反馈信息，管理员能在后台实现回复的功能，真正做到处处为顾客着想，留言页面如图9-7所示。

图 9-7 用户留言页面

9.1.3 网站整体规划

在制作网站之前首先要把设计好的网站内容放置在本地计算机的硬盘上，为了方便站点的设计及上传，设计好的网页都应存储在一个目录下，再用合理的文件夹来管理文档。在本地站点中应该用文件夹来合理构建文档的结构。首先为站点创建一个主要文件夹，然后在其中再创建多个子文件夹，最后将文档分类存储到相应的文件夹下。读者可以下载本书提供的素材shop包，查看第9章的站点文档结构以及文件夹结构，设计完成的结构如图9-8所示。

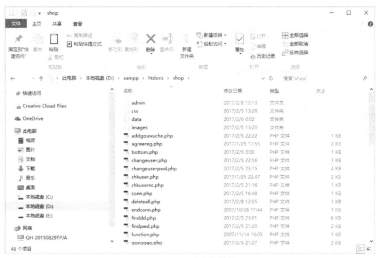

图 9-8 网站文件结构

首先对本商城的前台页面进行规划设计，对需要设计的页面功能进行分析，如下所示：

- addgouwuche.php: 添加定购的商品到购物车gouwuche.php页面
- agreereg.php: 同意注册页面

- bottom.php: 网站底部版权
- changeuser.php: 用户注册信息更改页面
- changeuserpwd.php: 更改登录密码页面
- chkuser.php: 登录身份验证页面
- chkusernc.php: 检查昵称是否被用文件
- conn/conn.php: 数据库连接文件
- deleteall.php: 删除用户处理页面
- finddd.php: 订单查询页面
- findpwd.php: 找回密码功能的页面
- serchorder.php: 查找到商品显示页面
- function.php: 系统调用的常用函数
- gouwuche.php: 购物车页面
- gouwusuan.php: 收银台结算页面
- highsearch.php: 高级查找页面
- index.php: 网站购物车首页
- left_menu.php: 用户及公告系统
- logout.php: 用户退出页面
- lookinfo.php: 详细商品信息
- openfindpwd.php: 找回密码回答答案页面
- reg.php: 用户注册开始页面
- removegwc.php: 购物车移除指定商品页面
- savechangeuserpwd.php: 更改用户密码页面
- savedd.php: 保存用户订单页面
- savepj.php: 保存商品评价页面
- savereg.php: 保存用户注册信息
- saveuserleaveword.php: 保存用户留言页面
- showdd.php: 显示详细订单页面
- showfenlei.php: 商品分类显示页面
- gonggao.php: 显示详细公告内容页面
- gonggaolist.php: 公告罗列分页显示页面
- showhot.php: 热门商品页面
- shownewpr.php: 最新商品页面
- showpp.php: 商品销售排行页面
- showpl.php: 商品评论分页显示页面
- showpwd.php: 用户找回的密码页面
- showtuijian.php: 推荐商品页面
- top.php: 网站顶部导航条
- usercenter.php: 会员中心页面
- userleaveword.php: 发表留言页面

从上面的分析统计，该网站前台共由41个页面组成，涉及了动态网站建设几乎所有的动态功能开发设计。

9.2　系统数据库设计

网上购物系统的数据库也是比较庞大的，在设计时需要从使用的功能模块入手，可以分别创建不同名称的数据表，数据表命名时也要与使用的功能名称相配合，方便后面相关页面设计制作时的调用，MySQL数据库的制作方法在前面的章节中也介绍过很多次，为本章节将要完成的数据库命名为db_shop，在数据库中建立8个不同的数据表，如图9-9所示。

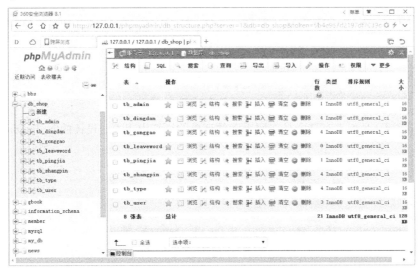

图 9-9　建立的 db_shop 数据库

9.2.1　设计商城数据表

数据库db_shop里面是根据开发的网站的几大动态功能来设计不同数据表的，本实例需要创建8个不同的数据表，下面分别介绍一下这些数据表的功能及设计的字段要求：

（1）tb_admin是用来存储后台管理员的信息表，设计的tb_admin数据表如图9-10所示。其中name是管理员名称，pwd是管理员密码。

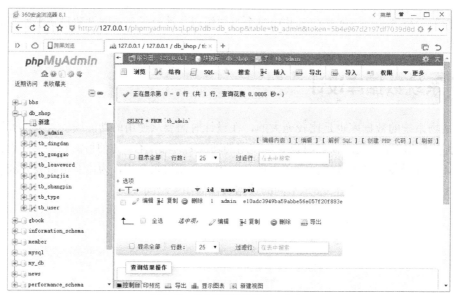

图 9-10　后台管理信息表 tb_admin

（2）tb_dingdan是用来存储会员在网上下的订单的详细内容表，设计的tb_dingdan数据表如图9-11所示。

图 9-11　用户订单表 tb_dingdan

（3）tb_gonggao是用来保存网站公告的信息表，设计的tb_gonggao数据表如图9-12所示。

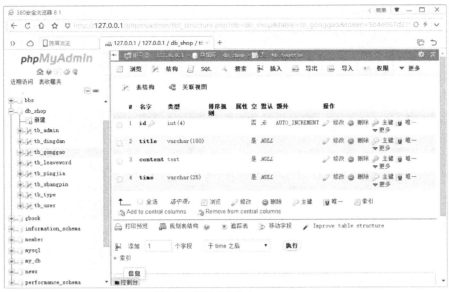

图 9-12　网站公告表 tb_gonggao

（4）tb_leaveword是用户给网站管理者留言的数据表，设计的tb_leaveword数据表如图9-13所示。

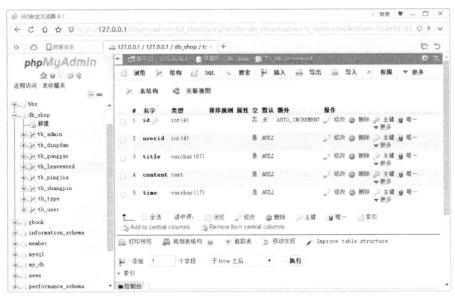

图 9-13　用户留言表 tb_leaveword

（5）tb_pingjia是用户对网上商品的评价表，设计的tb_pingjia数据表如图9-14所示。

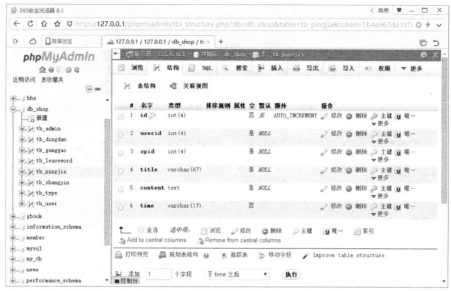

图 9-14　商品用户评价表 tb_pingjia

（6）tb_shangpin是商品表，购物系统中核心的产品发布，定购时的结算都要调用该数据表的内容，设计的tb_shangpin数据表如图9-15所示。

图 9-15　商品表 tb_shangpin

（7）tb_type是商品的分类表，设计的tb_type数据表如图9-16所示。

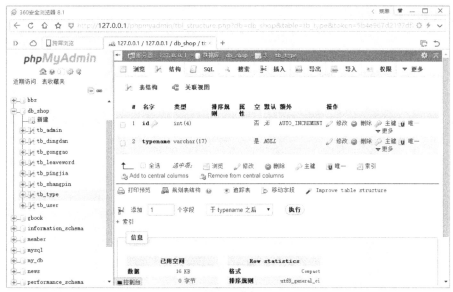

图 9-16　商品分类表 tb_type

（8）tb_user是用来保存网站会员注册用的数据表，设计的tb_user数据表如图9-17所示。

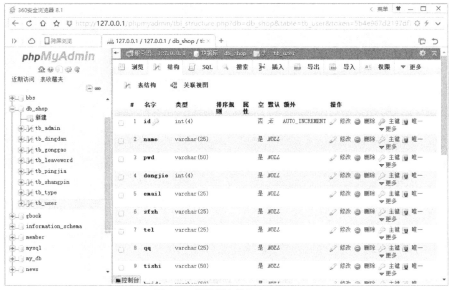

图 9-17　网站用户信息表 tb_user

上面设计的数据表属于比较复杂的数据表，数据表之间主要通过产品的类别ID关联，建立网站所需要的主要内容信息，都能存储在数据库里面。

9.2.2　建立网站本地站点

定义站点的具体操作步骤如下：

步骤01　首先在D:\xampp\htdocs路径下建立shop文件夹（如图9-18所示），本章所有建立的

PHP程序文件都将放在该文件夹下。

图 9-18　建立站点文件夹 shop

步骤02 打开Dreamweaver CC 2017，执行菜单栏中的"站点"→"管理站点"命令，打开"管理站点"对话框，如图9-19所示。

图 9-19　"管理站点"对话框

步骤03 单击"新建站点"按钮，打开"站点设置对象"对话框，进行如图9-20所示的参数设置。

图 9-20　建立 shop 站点

步骤04 单击列表框中的"服务器"选项，并单击"添加服务器"按钮 ➕，打开"基本"选项卡，进行如图9-21所示的参数设置。

图 9-21　"基本"选项卡设置

步骤05 设置后再单击"高级"选项卡，打开"高级"服务器设置界面，选中"维护同步信息"复选框，在"服务器模型"下拉列表框中选择PHP MySQL，表示是使用PHP开发的网页，其他的保持默认值，如图9-22所示。

图 9-22　设置"高级"选项卡

步骤06 单击"保存"按钮，返回"服务器"设置界面，再单击"测试"单选按钮，如图 9-23所示。

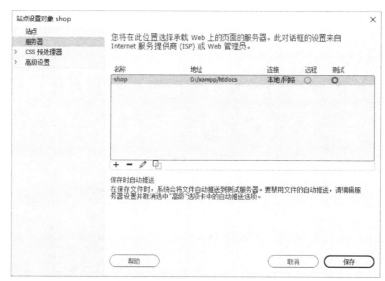

图 9-23　设置"服务器"参数

步骤07 单击"保存"按钮，则完成站点的定义设置。完成Dreamweaver CC 2017测试shop 网站环境设置。

9.2.3　建立数据库连接

数据库设计之后，需要将数据库链接到网页上，这样网页才能调用数据库和储存相应的信息。用PHP开发的网站，一般将数据库连接的程序代码文件命名为conn.php。在站点文件夹创建conn.php 空白页面，按如图9-24所示输入数据库连接服务器的代码。

图 9-24　设置数据库连接

对于本连接的程序进行如下说明：

```php
<?php
 $conn=mysqli_connect("localhost","root","","db_shop");
//设置数据库连接，本地服务器，用户名为root，密码为空，连接的数据库为db_shop
@ mysqli_set_charset ($conn,utf8);
@ mysqli_query($conn,utf8);
//设置数据库的字体为utf-8
if (mysqli_connect_errno($conn))
{
 echo "连接 MySQL 失败： " . mysqli_connect_error();
//如果连接错误调用mysql_error()函数
}
?>
```

读者使用时如果需要更改数据库名称，只需要将该页面中的db_shop做相应的更改即可以实现，同时也要将用户名和密码与你在本地设置的用户名和密码相同。

9.3　首页动态功能开发

对于一个电子商城系统来说，需要一个主页面为用户提供注册、搜索需要定购的商品、网上浏览商品等操作。实例首页index.php主要嵌套了font.css、top.php、left_menu.php、bottom.php等5个页面，本节介绍这些页面的设计过程。

9.3.1　创建样式表

任何网站如果想看上去美观些都是要经过专业的网页布局设计的，实例按传统的电子商务网站布局方式进行布局，文字样式的美化设计是使用样式表来直接设计的，实例的样式表保存在css文件夹下。

步骤01　运行Dreamweaver CC 2017软件，打开制作到这一步骤的站点文件夹。执行菜单栏"文件"→"新建"命令，打开"新建文档"对话框，选择"新建文档"选项卡中"文档类型"下拉列表框下的CSS，然后单击"创建"按钮创建新页面，如图9-25所示。在网站css目录下新建一个名为font.css的网页并保存。

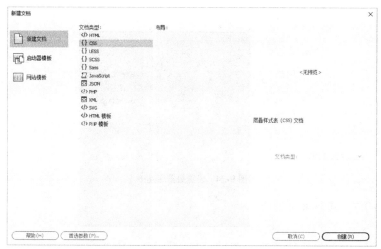

图 9-25　创建 css 文件

步骤02　进入代码视图窗口，将里面所有的默认创建代码删除，然后加入如下代码：

```
A:link {
 COLOR: #990000;
 TEXT-DECORATION: none
 }
A:visited {
 COLOR: #990000; TEXT-DECORATION: none
 }
A:active {
 COLOR: #990000; TEXT-DECORATION: none
 }
A:hover {
 COLOR: #000000
 }
//网页链接属性设置
BODY {

 margin-top: 0px;
}
TD,TH {
 FONT-SIZE:12px;
 COLOR: #000000;
}
.buttoncss {
    font-family: "Tahoma", "宋体";
    font-size: 9pt; color: #003399;
    border: 1px #fff solid;
    color:006699;
    BORDER-BOTTOM: #93bee2 1px solid;
    BORDER-LEFT: #93bee2 1px solid;
    BORDER-RIGHT: #93bee2 1px solid;
    BORDER-TOP: #93bee2 1px solid;
    background-color: #ccc;
```

```
      CURSOR: hand;
      font-style: normal ;
   }
   .inputcss {
      font-size: 9pt;
      color: #003399;
      font-family: "宋体";
      font-style: normal;
      border-color: #93BEE2 #93BEE2 #93BEE2 #93BEE2 ;
      border: 1px #93BEE2 solid;
   }
   .inputcssnull {
      font-size: 9pt;
      color: #003399;
      font-family: "宋体";
      font-style: normal;
      border: 0px #93BEE2 solid;
   }
   .scrollbar{
      SCROLLBAR-FACE-COLOR: #FFDD22;
      FONT-SIZE: 9pt;
      SCROLLBAR-HIGHLIGHT-COLOR: #69BC2C;
      SCROLLBAR-SHADOW-COLOR: #69BC2C;
      SCROLLBAR-3DLIGHT-COLOR: #69BC2C;
      SCROLLBAR-ARROW-COLOR: #ffffff;
      SCROLLBAR-TRACK-COLOR: #69BC2C;
      SCROLLBAR-DARKSHADOW-COLOR: #69BC2C

   }
   .scrollbar{
      SCROLLBAR-FACE-COLOR: #FFDD22;
      FONT-SIZE: 9pt;
      SCROLLBAR-HIGHLIGHT-COLOR: #69BC2C;
      SCROLLBAR-SHADOW-COLOR: #69BC2C;
      SCROLLBAR-3DLIGHT-COLOR: #69BC2C;
      SCROLLBAR-ARROW-COLOR: #ffffff;
      SCROLLBAR-TRACK-COLOR: #69BC2C;
      SCROLLBAR-DARKSHADOW-COLOR: #69BC2C

   }
   //网页表单对象的样式设置
```

通过上面样式文件的建立可以将整个网站的样式统一，起到美化整个网站的效果。

9.3.2　设计网站导航

导航频道是网站建设中很重要的部分，通常情况下一个网站的页面会有几十个，更大型一点的可能会达到几千个甚至几万个，每个页面都会有导航栏。但是，在网站后期维护或者需要更改时，这个工作量就会变得很大，所以为了方便，通常都会把导航栏开发成单独的一个页面，然后让每个页面都单独调用它。这样当需要变更时，只要修改导航栏这一个页面，其他的页面自动就全部更新了。实例创建的带显示登录用户名的导航栏，如图9-26所示。

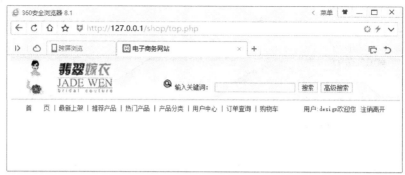

图9-26　导航频道

这里制作的步骤如下：

步骤01　　在Dreamweaver CC 2017中执行菜单栏"文件"→"新建"命令，打开"新建文档"对话框，选择"空白页"选项卡中"页面类型"下拉列表框下的PHP选项，在"布局"下拉列表框中选择"无"选项，然后单击"创建"按钮创建新页面，在网站根目录下新建一个名为top.php的网页并保存。

步骤02　　再单击"显示代码视图" 　代码　 按钮，进入代码视图窗口，将里面所有的默认创建代码删除，然后加入如下代码：

```php
<?php
  session_start();
//包含1类函数文件
require_once('conn.php');
?>

<html>
<head>
<meta http-equiv="Content-Type" content="text/html; charset=utf-8">
<title>电子商务网站</title>
<link rel="stylesheet" type="text/css" href="css/font.css">
</head>
<body>
<table width="766" border="0" align="center" cellpadding="0" cellspacing="0"
background="images/bannerdi.gif">
  <tr>
    <td colspan="3" valign="bottom"><table width="766" border="0" align=
"center" cellpadding="0" cellspacing="0">
      <tr>
        <td width="224" height="83"> </td>
        <td align="right"><p> </p>
        <table height="20" border="0" align="center" cellpadding="0"
cellspacing="0">
            <form name="form" method="post" action="serchorder.php">
              <tr>
                <td width="81" height="30" align="right"> </td>
                <td width="500" height="30" valign="middle"><div align="left">
```

```
 <span class="style4"><img src="images/biao.gif" width="16" height="21">
 输入关键词：</span>                        <input type="text" name="name" size="25" class=
"inputcss"style="background-color:#e8f4ff" onMouseOver="this.style.backgroundColor
='#ffffff'" onMouseOut="this.style.backgroundColor='#e8f4ff'">
                        <input type="hidden" name="jdcz" value="jdcz">
                        <input name="submit" type="submit" class="buttoncss"
value="搜索">
                        <input name="button" type="button" class="buttoncss"
onClick="javascript:window.location='highsearch.php';" value="高级搜索">
   </div></td>
                </tr>
                </form>
   </table></td>
        </tr>
      </table></td>
    </tr>
    <tr>
    <td width="568" height="32" bgcolor="#FFFFFF"><a href="index.php">首　　页
</a>| <a href="shownewpr.php">最新上架</a> | <a href="showtuijian.php">推荐产品</a>
| <a href="showhot.php">热门产品</a>| <a href="showfenlei.php">产品分类
</a> | <a href="usercenter.php">用户中心</a> | <a href=
"finddd.php">订单查询</a> | <a href="gouwuche.php">购物车</a></td>
     <td width="121" align="center" bgcolor="#FFFFFF">
       <?php
    if(@ $_SESSION['username']!=''){
      echo "用户:$_SESSION[username]欢迎您";
     }
    ?>
     </td>
     <td width="77" bgcolor="#FFFFFF">
   <?php
   if(@ $_SESSION['username']!=""){
      echo "<a href='logout.php'>注销离开</a>";
   }
   ?>
     </td>
    </tr>
</table>
```

上述代码中加黑部分为显示用户登录和注销离开的程序。

步骤03　加入代码后，这时就会发现在编辑文档窗口中，多了一个PHP代码占位符 ，如图9-27所示。

图9-27　自动生成代码占位符

步骤04 最后保存制作的页面，按下F12快捷键，即可以在浏览器中看到和原来一样的导航效果。

9.3.3 登录和新闻

left_menu.php页面中的"用户系统"和"新闻公告"两个栏目是动态网站开发中经常遇到的功能，在电子商城中这几个功能也是必不可少的，下面本小节将详细介绍这些功能的实现办法，制作步骤如下：

步骤01 为了能够实现页面的调用，需要首先打开数据库db_shop文件，然后打开tb_gonggao数据表，加入一些数据，如图9-28所示。

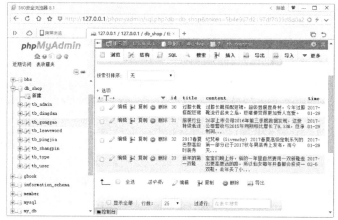

图 9-28　加入数据信息

步骤02 创建left_menu.php页面，然后在<head>代码之前，加入调用数据库链接页面conn.php的命令，如下所示：

```php
<?php include("conn.php");?>
```

然后简单地设计一下用户系统和新闻公告两个功能的显示效果，设计完成后编辑文档窗口，如图9-29所示。

图 9-29　设计页面的显示效果

步骤03　在"用户系统"的显示界面上，是提供给用户登录、注册以及找回密码的功能，具体的注册和找回密码的功能将在下一节介绍，这里重点介绍使用PHP实现验证码随机调用并显示成数字的功能，程序如下：

```php
<?php
   $num=intval(mt_rand(1000,9999));
//使用mt_rand()函数调用介于1000-9999的任意一个数字
   for($i=0;$i<4;$i++){
echo "<img src=images/code/".substr(strval($num),$i,1).".gif>";
   }
//调用images/code/文件夹下的随机字母图片，并显示成4位数
?>
```

该程序能够实现如图9-30所示的随机显示图片验证码数字的效果。

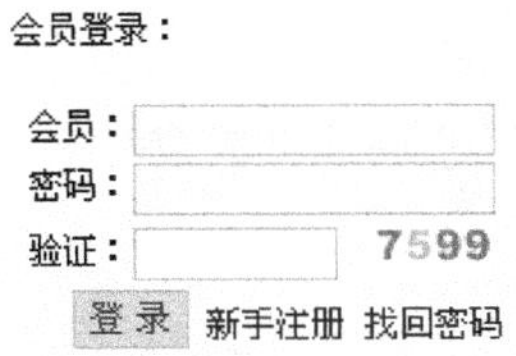

会员登录：

会员：
密码：
验证：　　　　　　　7599
登录　新手注册　找回密码

图 9-30　运行后显示验证码效果

步骤04　用户输入用户名和密码，并单击"提交"按钮后，就将输入的数据传递到chkuser.php页面进行登录验证。代码如下：

```
<form name="form2" method="post" action="chkuser.php" onSubmit="return chkuserinput(this)">
```

该段代码包含了两个意思，第一个action="chkuser.php"意思是转到chkuser.php页面进行验证；第二个onSubmit="return chkuserinput(this)"意思是直接调用JavaScript的chkuserinput(this)进行数据输入的验证，即通常在提交表单时要验证一下输入的数据是否为空,输入的数据格式是否符合要求,调用的程序如下：

```javascript
<script language="javascript">
function chkuserinput(form){
   if(form.username.value==""){
 alert("请输入用户名!");
 form.username.select();
 return(false);
}//如果用户名没输入提示"请输入用户名！"
if(form.userpwd.value==""){
 alert("请输入用户密码!");
 form.userpwd.select();
 return(false);
}//如果用户密码没输入提示"请输入用户密码！"
if(form.yz.value==""){
 alert("请输入验证码!");
 form.yz.select();
 return(false);
}//如果用户验证码没有输入提示"请输入验证码！"
   return(true);
```

```
}
</script>
```

步骤05 在主页的"新闻公告"显示的数据要实现的效果是调出新闻的标题，在单击标题时能打开详细页面，调出5条所有的数据并将所有的代码列出，说明如下：

```
<table width="180" border="0" align="center" cellpadding="0" cellspacing="0">
<tr>
<td height="5"></td>
</tr>
<?php
$sql = mysqli_query($conn,"SELECT * FROM tb_gonggao ORDER BY time desc limit
0,5");//按时间顺序查询最新的五条数据
                $info = mysqli_fetch_array($sql);
                if($info==false){
                 ?>
<tr>
 <td height="20" align="center">暂无新闻公告!</td>
</tr>
<?php
                        }
                    else{
                    do{
                 ?>
<tr>
    <td height="20"><div align="center">
        <table     width="180"              border="0"        align="center"
cellpadding="0" cellspacing="0">
                <tr>
                 <td  width="16"  height="5"><div  align="center"><img
src="images/circle.gif" width="11" height="12"></div></td>
                 <td  width="164"  height="24"><div  align="left">  <a
href="gonggao.php?id=<?php echo $info['id'];?>">
                    <?php
                            echo substr($info['title'],0,25);
                            if(strlen($info['title'])>25){
                                echo "...";
                            }
                        ?>
                </a> </div></td>
            </tr>
        </table>
        </div></td>
    </tr>
    <?php
        }
    while($info=mysqli_fetch_assoc($sql));
        }
    ?>
</table>
```

步骤06 在浏览器中浏览制作的调用数据，效果如图9-31所示。

用户系统：

图 9-31 "新闻公告"的效果

注意

如此就很容易地实现了数据库的调用、查询以及显示操作，读者会发现PHP动态网页的开发并不是很难，只需要掌握简单的代码即可以实现。在其他功能页面的所有其他区域都是采用调用、条件查询、绑定显示、关闭数据库这样一个相同的操作步骤来实现的。

此时Left_meau.php页面就开发完毕了，保存以方便其他页面嵌套使用。

9.3.4 产品的前台展示

网站实现在线购物，一般都是通过用户自身的登录、浏览、定购、结算这样的流程来实现网上购物的，所以在首页上制作产品的动态展示功能非常重要，实例在首页上设计了"推荐产品""最新上架"以及"热门产品"三个显示区域，下面就介绍产品展示区域的实现方法。

步骤01 对于上述的三个显示区域在使用程序开发之前，首先要在Dreamweaver CC 2017中设计好最终的网页效果，实例设计的三个展示区域如图9-32所示，每个区域显示最新发布的两款产品信息，将产品的图片、价格、数量全部展示出来，并加入"购买"和显示"详细"的按钮。

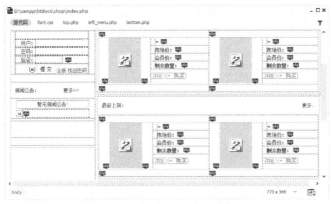

图 9-32 设计产品展示的区域效果

步骤02 三个区域的程序实现的方法是一样的，只是按条件查询出数据的结果是不一样的，这里介绍"推荐产品"区域的代码实现方法如下：

```php
<table width="550" border="00" align="center" cellpadding="0" cellspacing="0">
<tr>
<td width="555" height="110"><table width="530" height="110" border="0"
align="center" cellpadding="0" cellspacing="0">
<tr>
<td width="265">
<?php
  $sql=mysqli_query($conn,"select * from tb_shangpin where tuijian=1 order by
addtime desc limit 0,1");
  //按tuijian=1的值调用数据
  $info=mysqli_fetch_array($sql);
  if($info==false){
    echo "本站暂无推荐商品!";
  }
  //如果没有数据显示为"本站暂无推荐商品!"
  else{
  ?>
  <table width="270" border="0" cellspacing="0" cellpadding="0">
<tr>
<td width="130" rowspan="5"><div align="center">
<?php
    if(trim($info['tupian']=="")){
    echo "暂无图片";
}//如果没有产品图片则显示为"暂无图片"
else{
  ?>
  <img src="<?php echo $info['tupian'];?>" width="80" height="80" border="0">
  <?php
    }
  ?>
</div></td>
<td width="11" height="16"> </td>
<td width="124"><font color="FF6501"><img src="images/circle.gif" width="10"
height="10"> <?php echo $info[mingcheng];?></font></td>
</tr>
<tr>
<td height="16"> </td>
<td><font color="#000000">市场价：</font><font color="FF6501"><?php echo
$info[shichangjia];?></font></td>
</tr>
<tr>
<td height="16"> </td>
<td><font color="#000000">会员价：</font><font color="FF6501"><?php echo
$info['huiyuanjia'];?></font></td>
</tr>
<tr>
<td height="16"> </td>
<td><font color="#000000">剩余数量：</font><font color="13589B"><?php
  if($info['shuliang']>0)
```

```php
    {
       echo $info['shuliang'];
    }
    else
    {
       echo "已售完";
    }
    ?>
</font></td>
     </tr>
     <tr>
     <td height="30" colspan="2"><a href="lookinfo.php?id=<?php echo $info
['id'];?>"><img src="images/b3.gif" width="34" height="15" border="0"></a> <a
href="addgouwuche.php?id=<?php echo $info[id];?>"><img src="images/b1.gif"
width="50" height="15" border="0"></a> </td>
     </tr>
     </table>
     <?php
      }
      ?>
    </td>
     <td width="265">
      <?php
     $sql=mysqli_query($conn,"select * from tb_shangpin where tuijian=1 order by
addtime desc limit 1,1");
     $info=mysqli_fetch_array($sql);
     if($info==true)
     {
     ?>
      <table width="270" border="0" cellspacing="0" cellpadding="0">
     <tr>
     <td width="130" rowspan="5"><div align="center">
     <?php
       if(trim($info['tupian']=="")){
     echo "暂无图片";
    }
    else{
      ?>
      <img src="<?php echo $info['tupian'];?>" width="80" height="80" border="0">
    <?php
       }
       ?>
</div></td>
     <td width="11" height="16"> </td>
     <td width="124"><font color="FF6501"><img src="images/circle.gif" width="10"
height="10"> <?php echo $info['mingcheng'];?></font></td>
     </tr>
     <tr>
     <td height="16"> </td>
     <td><font color="#000000">市 场 价：</font><font color="FF6501"><?php echo
$info['shichangjia'];?></font></td>
     </tr>
     <tr>
```

```
<td height="16"> </td>
<td><font  color="#000000"> 会 员 价 ： </font><font  color="FF6501"><?php  echo
$info['huiyuanjia'];?></font></td>
</tr>
<tr>
<td height="16"> </td>
<td><font color="#000000">剩余数量: </font><font color="13589B">
<?php
  if($info['shuliang']>0)
  {
    echo $info['shuliang'];
  }
  else
  {
    echo "已售完";
  }
  ?>
</font></td>
</tr>
<tr>
 <td  height="30"  colspan="2"><a  href="lookinfo.php?id=<?php  echo  $info
['id'];?>"><img src="images/b3.gif" width="34" height="15" border="0"></a> <a
href="addgouwuche.php?id=<?php  echo  $info['id'];?>"><img  src="images/b1.gif"
width="50" height="15" border="0"></a> </td>
</tr>
</table>
  <?php
   }
  ?>
</td>
</tr>
</table></td>
</tr>
<tr>
<td height="10" background="images/line1.gif"></td>
</tr>
</table>
```

步骤03 按上述程序实现的方法，将另外两个产品展示的功能也设计完成，最后可以实现的效果如图9-33所示。

图9-33 首页的商品展示效果

278

9.3.5　版权页面

底部版权页面是一个静态的页面，制作非常的简单，在Dreamweaver CC 2017中进行直接排版设计即可，完成的效果如图9-34所示。

图 9-34　版权页面的效果

网站的首页制作结束，如果需要快速建立首页，可以直接参考源代码shop文件包完成的页面，查看代码，可以方便地完成电子商城系统首页的设计与制作。

9.4　会员管理系统功能

网站的会员管理系统，在首页上只是一个让用户登录和注册的窗口。当输入用户名和密码时，单击"提交"按钮，即转到chkuser.php页面进行判断用户是否可以登录。当单击"注册"文字链接时，将会打开网站的会员注册页面agreereg.php进行注册。单击"找回密码"文字链接会弹出找回密码的Windows对话窗口，本小节将对会员管理系统的开发进行介绍。

9.4.1　会员登录判断

会员在首页输入用户名和密码，单击"提交"按钮时只有用户名、密码、验证码全部正确才可以登录成功，如果有错误就需要显示相关的错误信息。所有的功能都要用PHP进行分析判断，创建一个空白PHP页面，并命名为chkuser.php。

在该页面中加入如下的代码：

```php
<?php
include("conn.php");
//调用数据库连接
$username=$_POST['username'];
$userpwd=md5($_POST['userpwd']);
$yz=$_POST['yz'];
$num=$_POST['num'];
if(strval($yz)!=strval($num)){
  echo "<script>alert('验证码输入错误!');history.go(-1);</script>";
  exit;
}//如果验证码错误则提示"验证码输入错误!"，并且返回登录页面
class chkinput{
  var $name;
  var $pwd;
```

```php
    function chkinput($x,$y){
       $this->name=$x;
       $this->pwd=$y;
    }
    function checkinput(){
    include("conn.php");
    $sql=mysqli_query($conn,"select * from tb_user where name='".$this->name."'");
    $info=mysqli_fetch_array($sql);
       if($info==false){
          echo "<script language='javascript'>alert('不存在此用户！');history.
back();</script>";
          exit;
       }
    //如果数据库里不存在该用户名则显示"不存在此用户"，并返回
       else{
          if($info['dongjie']==1){
             echo "<script language='javascript'>alert('该用户已经被冻结！
');history.back();</script>";
             exit;
          }
    //如果用户已经在后台冻结，则显示"该用户已经被冻结！"并且返回
          if($info['pwd']==$this->pwd)
          {
             session_start();
          $_SESSION['username']=$info['name'];
            $producelist="";
            $quatity="";
            header("location:index.php");
            exit;
          }
          else {
            echo "<script language='javascript'>alert('密码输入错误！');history.
back();</script>";
             exit;
          }
    //如果用户密码错误，则显示"密码输入错误！"并且返回
       }
    }
  }

    $obj=new chkinput(trim($username),trim($userpwd));
    $obj->checkinput();
?>
```

该段程序，首先加入判断验证码、用户名以及密码是否正确的代码，如果不正确则显示相应的错误信息，如果全部正确则登录成功返回登录的首页。

9.4.2 会员注册功能

会员注册的功能并不只是简单的一个网页就能实现，它需要用户协议，判断用户是否同意注册，写入数据等细节的步骤这里介绍如下：

步骤01 单击"注册"文字链接时，将会打开网站的会员注册页面agreereg.php，该页面制作的效果如图9-35所示。该页面的内容是必不可少的，提示一下网站管理者，为了避免日后注册用户会发生一些纠纷，需要提前将网站所提供的具体服务和约束等放到注册信息里面，这样才可以有效地保护自己的利益。

图 9-35 用户协议里的服务条款

步骤02 单击"同意"按钮后，就打开具体的注册用户信息填写内容页，该页面制作时也比较简单，只需要以数据库中tb_user数据表的字段名为准，在注册页面分别创建相应的文本框即可，设计的页面如图9-36所示。

图 9-36 用户注册信息的页面

步骤03 其中的技术难点在于"查看昵称是否已用"功能，在输入用户昵称时，需要单击该按钮检查数据库中是否已存在该用户昵称，实现的方法代码如下：

```
<script language="javascript">
  function chknc(nc)
  {
window.open("chkusernc.php?nc="+nc,"newframe","width=200,height=10,left=500
,top=200,menubar=no,toolbar=no,location=no,scrollbars=no,location=no");
```

```
  }
//单独打开Windows窗口通过调用chkusernc.php页面进行判断
</script>
```

所以嵌套的实际判断的页面是chkusernc.php，该页面的代码如下：

```
<?php
 $nc=trim($_GET['nc']);
?>
<?php
 include("conn.php");
?>
<html>
<head>
<title>
昵称重用检测
</title>
<link rel="stylesheet" type="text/css" href="css/font.css">
</head>
<body topmargin="0" leftmargin="0" bottommargin="0">
<table width="200" height="100" border="0" align="center" cellpadding="0"
cellspacing="0" bgcolor="#eeeeee">
  <tr>
   <td height="50"><div align="center">
<?php
  if($nc=="")
   {
    echo "请输入昵称!";
   }
   else
   {
    $sql=mysqli_query($conn,"select * from tb_user where name='".$nc."'");
    $info=mysqli_fetch_array($sql);
     if($info==true)
      {
       echo "对不起,该昵称已被占用!";
      }
      else
      {
       echo "恭喜,该昵称没被占用!";
      }
    }
 ?>
  </div></td>
  </tr>
  <tr>
   <td height="50"><div align="center"><input type="button" value=" 确 定 "
class="buttoncss" onClick="window.close()"></div></td>
  </tr>
</table>
</body>
```

步骤04 在单击"提交"按钮时还要实现所有的字段检查功能，调用的JavaScript程序进行检查的代码如下：

```javascript
<script language="javascript">
 function chkinput(form)
 {
    if(form.usernc.value=="")
 {
 alert("请输入昵称!");
 form.usernc.select();
 return(false);
 }
 if(form.p1.value=="")
 {
 alert("请输入注册密码!");
 form.p1.select();
 return(false);
 }
    if(form.p2.value=="")
 {
 alert("请输入确认密码!");
 form.p2.select();
 return(false);
 }
 if(form.p1.value.length<6)
 {
 alert("注册密码长度应大于6!");
 form.p1.select();
 return(false);
 }
 if(form.p1.value!=form.p2.value)
 {
 alert("密码与重复密码不同!");
 form.p1.select();
 return(false);
 }
    if(form.email.value=="")
 {
 alert("请输入电子邮箱地址!");
 form.email.select();
 return(false);
 }
 if(form.email.value.indexOf('@')<0)
 {
 alert("请输入正确的电子邮箱地址!");
 form.email.select();
 return(false);
 }
    if(form.tel.value=="")
 {
 alert("请输入联系电话!");
 form.tel.select();
 return(false);
 }
```

```
 if(form.truename.value=="")
 {
 alert("请输入真实姓名!");
 form.truename.select();
 return(false);
 }
 if(form.sfzh.value=="")
 {
 alert("请输入身份证号!");
 form.sfzh.select();
 return(false);
 }
 if(form.dizhi.value=="")
 {
 alert("请输入家庭住址!");
 form.dizhi.select();
 return(false);
 }
 if(form.tsda.value=="")
 {
 alert("请输密码提示答案!");
 form.tsda.select();
 return(false);
 }
 if((form.ts1.value==1)&&(form.ts2.value==""))
    {
 alert("请选择或输入密码提示答案!");
 form.ts2.select();
 return(false);
 }
 return(true);
 }
</script>
```

　　该段程序是验证表单经常使用到的方法，读者可以重点浏览并掌握其功能，对于其他系统的开发也经常使用到。

　　步骤05　　在验证表单没问题后，才将表单的数据传递到savereg.php页面进行数据表的插入记录操作，也就是实质上的保存用户注册信息的操作，具体的代码如下：

```
<?php
session_start();
include("conn.php");
$name=$_POST['usernc'];
$pwd1=$_POST['p1'];
$pwd=md5($_POST['p1']);
$email=$_POST['email'];
$truename=$_POST['truename'];
$sfzh=$_POST['sfzh'];
$tel=$_POST['tel'];
$qq=$_POST['qq'];
if($_POST['ts1']==1)
{
```

```
  $tishi=$_POST['ts2'];
   }
 else
  {
 $tishi=$_POST['ts1'];
  }
 $huida=$_POST['tsda'];
 $dizhi=$_POST['dizhi'];
 $youbian=$_POST['yb'];
 $regtime=date("Y-m-j");
 $dongjie=0;
 $sql=mysqli_query($conn,"select * from tb_user where name='".$name."'");
 $info=mysqli_fetch_array($sql);
 if($info==true)
  {
    echo "<script>alert('该昵称已经存在!');history.back();</script>";
    exit;
  }
  else
  {
 mysqli_query($conn,"insert into tb_user (name,pwd,dongjie,email,truename,sfzh,
 tel,qq,tishi,huida,dizhi,youbian,regtime,pwd1)        values        ('$name','$pwd',
 '$dongjie','$email','$truename','$sfzh','$tel','$qq','$tishi','$huida','$dizhi
 ','$youbian','$regtime','$pwd1')");
    $username=$name;
    $producelist="";
    $quatity="";
    echo "<script>alert('恭喜，注册成功!');window.location='index.php';</script>";
  }
 ?>
```

通过以上几个步骤的程序编写才完成一个会员注册的功能，一般的用户注册都是这样的一个逻辑实现过程。

9.4.3 找回密码功能

会员在使用过程中忘记密码也是经常遇到的事，在实例中单击"找回密码"文字链接将打开相应的窗口实现找回密码的功能，具体的实现步骤如下：

步骤01 在制作的left_menu.php页面中加入Javascript的验证代码，实现的功能是单击"找回密码"链接时打开openfindpwd.php页面进行验证，代码如下：

```
<script language="javascript">
    function openfindpwd(){
window.open("openfindpwd.php","newframe","left=200,top=200,width=200,height
=100,menubar=no,toolbar=no,location=no,scrollbars=no,location=no");
   }
</script>
```

步骤02 使用Dreamweaver CC 2017设计出找回密码的页面如图9-37所示，只需要一个简单的对话窗口，输入昵称并进行判断即可。

图 9-37　找回密码的页面

步骤03　在输入需要找回密码的昵称之后，单击"确定"按钮需要进行表单验证，判断是否为空，如果不为空则指向findpwd.php页面显示"密码提示"，输入提示的答案，如图9-38所示。

```
<script language="javascript">
function chkinput(form)
{
  if(form.nc.value=="")
  {
   alert("请输入您的昵称!");
form.nc.select();
return(false);

  }
 return(true);
}
</script>
```

图 9-38　密码提示页面

步骤04　输入"提示答案"之后，单击"确定"按钮，也要进行表单验证并转向最终显示密码的页面showpwd.php，验证的代码如下：

```
<script language="javascript">
  function chkinput(form)
  {
    if(form.da.value=="")
  {
  alert('请输入密码提示答案!');
  form.da.select();
  return(false);
  }
  return(true);
```

```
    }
</script>
  <form  name="form2"  method="post"  action="showpwd.php"  onSubmit="return
chkinput(this)">
```

步骤05 showpwd.php的页面比较简单，只需要查询数据库，把符合条件的数据显示出来，即把昵称和密码显示在页面上即可，如图9-39所示。

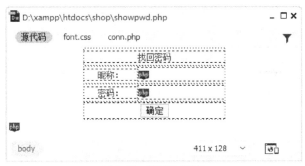

图 9-39 显示密码页面

9.5 品牌新闻系统

网站的"新闻公告"在首页及各个页面显示了标题，当单击相应的标题时，将打开详细的显示内容页面gonggao.php，gonggao.php用于显示具体的信息内容；当单击首页的"更多>>"文字链接时，即可打开所有的信息标题页面gonggaolist.php。

9.5.1 信息标题列表

所有的信息标题页面gonggaolist.php制作的效果，如图9-40所示。

图 9-40 所有新闻列表页面效果

该页面的编写程序部分如下所示：

```php
<?php
    $sql=mysqli_query($conn ,"select count(*) as total from tb_gonggao");
    $info=mysqli_fetch_array($sql);
```

```php
$total=$info['total'];
    if($total==0)
    {
      echo "本站暂无公告!";
    }
//调用tb_gonggao数据，如果没有则显示"本站暂无公告!"
    else
    {
    ?>
    <table width="530" border-"0" align="center" cellpadding="0" cellspacing="0">
      <tr bgcolor="#EEEEEE">
        <td width="296" height="20"><div align="center">公告主题</div></td>
        <td width="136"><div align="center">发布时间</div></td>
        <td width="68"><div align="center">查看内容</div></td>
      </tr>
      <?php
      $pagesize=20;
       if ($total<=$pagesize){
         $pagecount=1;
         }
         if(($total%$pagesize)!=0){
           $pagecount=intval($total/$pagesize)+1;

         }else{
           $pagecount=$total/$pagesize;

         }
         if(($_GET['page'])==""){
           $page=1;

         }else{
           $page=intval($_GET['page']);

         }

         $sql1=mysqli_query($conn ,"select * from tb_gonggao order by time
desc limit ".($page-1)*$pagesize.",$pagesize ");
         while($info1=mysqli_fetch_array($sql1))
          {
      ?>
      <tr>
        <td height="20"><div align="left">-<?php echo $info1['title'];?>
</div></td>
        <td height="20"><div align="center"><?php echo $info1['time'];?>
</div></td>
        <td height="20"><div align="center"><a href="gonggao.php?id=<?php
echo $info1['id'];?>">查看</a></div></td>
      </tr>
      <?php
    }
    ?>
      <tr>
        <td height="20" colspan="3">  
```

```
              <div align="right">本站共有公告 
                   <?php
           echo $total;
           ?>
 条 每页显示 <?php echo $pagesize;?> 条 第 <?php
echo $page;?> 页/共 <?php echo $pagecount; ?> 页
           <?php
           if($page>=2)
           {
           ?>
           <a href="gonggaolist.php?page=1" title="首页"><font face="webdings"> 9
</font></a> <a href="gonggaolist.php?id=<?php echo $id;?>&amp;page=<?php echo
$page-1;?>" title="前一页"><font face="webdings"> 7 </font></a>
           <?php
           }
           if($pagecount<=4){
            for($i=1;$i<=$pagecount;$i++){
           ?>
           <a href="gonggaolist.php?page=<?php echo $i;?>"><?php echo $i;?></a>
           <?php
             }
           }else{
            for($i=1;$i<=4;$i++){
           ?>
           <a href="gonggaolist.php?page=<?php echo $i;?>"><?php echo $i;?></a>
           <?php }?>
           <a href="gonggaolist.php?page=<?php echo $page-1;?>" title="后一页
"><font face="webdings"> 8 </font></a> <a href="gonggaolist.php?id=<?php echo
$id;?>&amp;page=<?php echo $pagecount;?>" title="尾页"><font face="webdings"> :
</font></a>
           <?php }?>
               </div></td>
           </tr>
        </table>
      <?php
        }

        ?></td>
    </tr>
</table>
```

该页面的技术难点在于新闻标题的分页显示功能，在显示的标题太多时一般都要使用上述的分页显示功能实现按页显示记录。

9.5.2　显示详细内容

具体信息量显示页面，通常包括显示信息的标题、时间以及出处，制作的具体效果如图9-41所示。

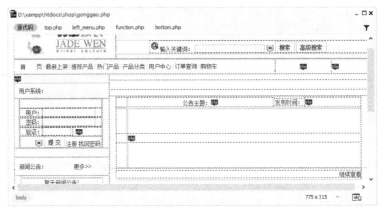

图 9-41 详细新闻页面

该页面的编写程序部分如下所示：

```
<table width="530"  border="0" align="center" cellpadding="0" cellspacing="1">
<?php
    $id=$_GET['id'];
$sql=mysqli_query($conn,"select * from tb_gonggao where id='".$id."'");
$info=mysqli_fetch_array($sql);
    include("function.php");
    ?>
<tr>
<td width="24" height="25" bgcolor="#FFFFFF"><div align="center">
</div></td>
    <td width="315" bgcolor="#FFFFFF"><div align="center">公告主题：<?php echo
unhtml($info['title']);?></div></td>
    <td width="66" bgcolor="#FFFFFF"><div align="center">发布时间：</div></td>
    <td width="120" bgcolor="#FFFFFF"><div align="left"><?php echo
$info['time'];?></div></td>
    </tr>
    <tr>
    <td height="125" bgcolor="#FFFFFF"><div align="center"></div></td>
    <td height="125" colspan="3" bgcolor="#FFFFFF"><div align="left"><?php echo
unhtml($info['content']);?></div></td>
    </tr>
    </table>
```

通过上述两个页面的设计，品牌新闻系统的前台部分即开发完成。

9.6 产品的定购功能

购物车系统主要由网上产品定购与后台结算这两个功能组成，实例中与购物车相关的主要有产品显示的页面就包括一个"购买"的功能按钮，主要包括index.php、用于显示产品详细信息的页面lookinfo.php、"最新上架"频道页面shownewpr.php、"推荐产品"频道页面showtuijian.php、"热门产品"频道页面showhot.php、"产品分类"频道页面showfenlei.php、产品搜索结果页面serchorder.php。下面分别介绍除了首页以外页面功能的实现。

9.6.1　产品介绍页面

产品介绍页面lookinfo.php是用来显示商品细节的页面。细节页面要能显示出商品所有的详细信息，包括商品名称、商品产地、商品单位、商品图片，以及是否还有商品放入购物车等功能，实例中我们还加入了"商品评价"功能。

由所需要建立的功能出发，可以建立如图9-42所示的动态页面。在页面中，一个PHP代码图标代表加入动态命令实现该功能。

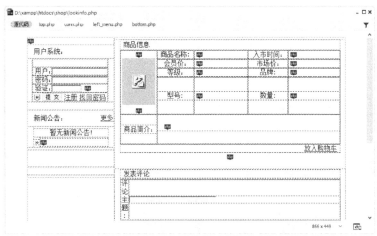

图 9-42　商品介绍页面

该模块的程序分析如下，其中购物车的实现代码进行了加粗说明。

```php
<?php
$sql=mysqli_query($conn,"select * from tb_shangpin where id=".$_GET['id']."");
$info=mysql_fetch_object($sql);
?>
<tr>
<td width="89" height="80" rowspan="4" align="center" valign="middle" bgcolor=
"#FFFFFF"><div align="center">
    <?php
    if($info->tupian==""){
  echo "暂无图片";
}
else
{
 ?>
 <a href="<?php echo $info->tupian;?>" target="_blank"><img src="<?php echo
$info->tupian;?>" alt="查看大图" width="80" height="80" border="0"></a>
 <?php
    }
    ?>
</div></td>
  <td width="92" height="20" align="left" bgcolor="#FFFFFF"><div align=
"center">商品名称: </div></td>
  <td width="134" bgcolor="#FFFFFF"><div align="left"> <?php echo
$info->mingcheng;?></div></td>
```

```
    <td width="100" bgcolor="#FFFFFF"><div align="center">入市时间: </div></td>
    <td  width="129"  bgcolor="#FFFFFF"><div  align="left"> <?php  echo
$info->addtime;?></div></td>
    </tr>
    <tr>
    <td height="20" align="left" bgcolor="#FFFFFF"><div align="center">会员价:
</div></td>
    <td width="134" bgcolor="#FFFFFF"><div align="left"> <?php echo $info->
huiyuanjia;?></div></td>
    <td width="100" bgcolor="#FFFFFF"><div align="center">市场价: </div></td>
    <td  width="129"  bgcolor="#FFFFFF"><div  align="left"> <?php  echo
$info->shichangjia;?></div></td>
    </tr>
    <tr>
    <td height="20" align="left" bgcolor="#FFFFFF"><div align="center">等 级:
</div></td>
    <td width="134" bgcolor="#FFFFFF"><div align="left"> <?php echo $info->
dengji;?></div></td>
    <td width="100" bgcolor="#FFFFFF"><div align="center">品牌: </div></td>
    <td width="129" bgcolor="#FFFFFF"><div align="left"> <?php echo $info->
pinpai;?></div></td>
    </tr>
    <tr>
    <td height="20" align="left" bgcolor="#FFFFFF"><div align="center">型 号:
</div></td>
    <td  width="134"  bgcolor="#FFFFFF"><div  align="left"> <?php  echo
$info->xinghao;?></div></td>
    <td width="100" bgcolor="#FFFFFF"><div align="center">数量: </div></td>
    <td width="129" bgcolor="#FFFFFF"><div align="left"> <?php echo $info->
shuliang;?></div></td>
    </tr>
    <tr>
    <td width="89" height="69" bgcolor="#FFFFFF"><div align="center">商品简介:
</div></td>
    <td  height="69"  colspan="4"  bgcolor="#FFFFFF"  valign="top"><div  align=
"left"><br>
        <?php echo $info->jianjie;?></div></td>
    </tr>
    </table></td>
    </tr>
    </table>
    <table width="530" height="20" border="0" align="center" cellpadding="0"
cellspacing="0">
    <tr>
    <td><div align="right"><a href="addgouwuche.php?id=<?php echo $info->id;?>">
放入购物车</a>  </div></td>//单击"放入购物车"传递产品的id号并到
addgouwuche.php去结算
    </tr>
    </table>
    <?php
    if($_SESSION[username]!="")
      {
    ?>
```

```html
<form    name="form1"    method="post"    action="savepj.php?id=<?php echo $info->
id;?>" onSubmit="return chkinput(this)">
  <table width="530" border="0" align="center" cellpadding="0" cellspacing="0">
    <tr>
    <td height="25" bgcolor="#EEEEEE"><div align="center" style="color: #FFFFFF">
    <div   align="left">  <span   style="color:  #000000"> 发 表 评 论
</span></div>
      </div></td>
      </tr>
      <tr>
      <td height="150" bgcolor="#999999"><table width="530" border="0" align=
"center" cellpadding="0" cellspacing="1">
      <script language="javascript">
        function chkinput(form)
  {
      if(form.title.value=="")
      {
        alert("请输入评论主题!");
   form.title.select();
  return(false);
      }
      if(form.content.value=="")
      {
        alert("请输入评论内容!");
  form.content.select();
  return(false);
      }
      return(true);
  }
      </script>
      <tr>
    <td width="80" height="25" bgcolor="#FFFFFF"><div align="center">评论主题:
</div></td>
    <td width="467" bgcolor="#FFFFFF"><div align="left">
    <input type="text" name="title" size="30" class="inputcss" style="background-
color:#e8f4ff " onMouseOver="this.style.backgroundColor='#ffffff'" onMouseOut=
"this.style.backgroundColor='#e8f4ff'">
    </div></td>
    </tr>
    <tr>
    <td height="125" bgcolor="#FFFFFF"><div align="center">评论内容:</div></td>
    <td height="125" bgcolor="#FFFFFF"><div align="left">
    <textarea   name="content"   cols="70"   rows="10"   class="inputcss"   style=
"background-color:#e8f4ff " onMouseOver="this.style.backgroundColor='#ffffff'"
onMouseOut="this.style.backgroundColor='#e8f4ff'"></textarea>
    </div></td>
    </tr>
    </table></td>
      </tr>
    </table>
      <table width="530" height="25" border="0" align="center" cellpadding="0"
cellspacing="0">
        <tr>
```

```
<td><div align="center">
<input name="submit2" type="submit" class="buttoncss" value="发表">
   <a href="showpl.php?id=<?php echo $_GET[id];?>">查看该商品评
论</a></div></td>
</tr>
</table>
</form>
<?php
}
?>
```

在上面的代码中，展示的只是数据的查询和显示功能，核心功能在于"发表评论"，单击"发表"按钮后将传递到savepj.php页面保存评价，其页面的代码如下：

```
<meta http-equiv="Content-Type" content="text/html; charset=utf-8">
<?php
include("conn.php");
$title=$_POST['title'];
$content=$_POST['content'];
$spid=$_GET['id'];
$time=date("Y-m-j");
session_start();
$sql=mysqli_query($conn,"select * from tb_user where name='".$_SESSION
['username']."'");
$info=mysqli_fetch_array($sql);
$userid=$info['id'];
mysqli_query($conn,"insert into tb_pingjia (userid,spid,title,content,
time) values ('$userid','$spid','$title','$content','$time') ");
echo "<script>alert('评论发表成功!');history.back();</script>";
?>
```

9.6.2 最新上架频道

该页面为单击导航条中的"最新上架"链接后转到的页面shownewpr.php，主要是显示数据库中最新上架的商品。

首先完成静态页面的设计，该页面完成的效果如图9-43所示。

图 9-43 最新上架的页面

代码核心部分如下：

```
<table width="550" height="70" border="0" align="center" cellpadding="0"
cellspacing="0">
   <?php
   $sql=mysqli_query($conn,"select * from tb_shangpin order by addtime desc limit
0,4");
   //从产品表中调出最新加入的4条产品信息
   $info=mysqli_fetch_array($sql);
   if($info==false){
   echo "本站暂无最新产品！";
   }
   else{
   do{
   ?>
   <tr>
   <td width="89"rowspan="6"><div align="center">
   <?php
   if($info['tupian']==""){
   echo "暂无图片！";
   }
   else{
   ?>
   <a href="lookinfo.php?id=<?php echo $info['id'];?>"><img border="0" src="<?php
echo $info['tupian'];?>" width="80" height="80"></a>
   <?php
   }
   ?>
   </div></td>
   <td width="93" height="20"><div align="center" style="color: #000000">商品名
称：</div></td>
   <td colspan="5"><div align="left"><a href="lookinfo.php?id=<?php echo $info
['id'];?>"><?php echo $info[mingcheng];?></a></div></td>
   </tr>
   <tr>
   <td width="93" height="20"><div align="center" style="color: #000000">商品品
牌：</div></td>
   <td width="101" height="20"><div align="left"><?php echo $info['pinpai'];?>
</div></td>
   <td width="62"><div align="center" style="color: #000000">商品型号：</div></td>
   <td colspan="3"><div align="left"><?php echo $info['xinghao'];?></div></td>
   </tr>
   <tr>
   <td width="93" height="20"><div align="center" style="color: #000000">商品简
介：</div></td>
   <td height="20" colspan="5"><div align="left"><?php echo $info['jianjie'];?>
</div></td>
   </tr>
   <tr>
   <td height="20"><div align="center" style="color: #000000">上市日期：</div></td>
   <td height="20"><div align="left"><?php echo $info['addtime'];?></div></td>
   <td height="20"><div align="center" style="color: #000000">剩余数量：</div></td>
   <td width="69" height="20"><div align="left"><?php echo $info['shuliang'];?>
```

```
</div></td>
    <td width="63"><div align="center" style="color: #000000">商品等级: </div></td>
    <td width="73"><div align="left"><?php echo $info['dengji'];?></div></td>
    </tr>
    <tr>
    <td height="20"><div align="center" style="color: #000000">商场价: </div></td>
    <td height="20"><div align="left"><?php echo $info['shichangjia'];?> 元
</div></td>
    <td height="20"><div align="center" style="color: #000000">会员价: </div></td>
    <td hcight="20"><div align="left"><?php echo $info['huiyuanjia'];?> 元
</div></td>
    <td height="20"><div align="center" style="color: #000000">折扣: </div></td>
    <td height="20"><div align="left"><?php echo (@ceil(($info['huiyuanjia']/
$info['shichangjia'])*100))."%";?></div></td>
    </tr>
    <tr>
    <td height="20" colspan="6" width="461"><div align="center">   
 <a href="addgouwuche.php?id=<?php echo $info['id'];?>"><img src="images/
b1.gif" width="50" height="15" border="0" style=" cursor:hand"></a></div></td>
    </tr>
    <tr>
    <td height="10" colspan="7" background="images/line1.gif"></td>
    </tr>
    <?php
    }while($info=mysqli_fetch_array($sql));
     }
    ?>
    </table>
```

9.6.3 推荐产品频道

该页面为单击导航条中的"推荐产品"链接后转到的页面showtuijian.php，主要是显示数据库中推荐的商品。

首先完成静态页面的设计，该页面完成的效果如图9-44所示。

图9-44 推荐产品的页面

推荐产品的功能和最新上架频道功能基本上相同，不同之处就是在于推荐时从数据库查询的代码不同，主要代码不同部分如下所示：

```php
<?php
    $sql=mysqli_query($conn,"select count(*) as total from tb_shangpin where
tuijian=1 ");
//从tb_shangpin数据表中查询出tuijian=1的商品
    $info=mysqli_fetch_array($sql);
    $total=$info['total'];
    if($total==0)
    {
      echo "本站暂无推荐产品!";
    }
    else
    {

    ?>
```

9.6.4　热门产品频道

该页面为单击导航条中的"热门产品"链接后转到的页面showhot.php，主要是显示数据库中热门的商品。

首先完成静态页面的设计，该页面完成的效果如图9-45所示。

图 9-45　热门产品的页面

热门产品页面的功能代码如下所示：

```php
<?php
    $sql=mysqli_query($conn,"select * from tb_shangpin order by cishu desc
limit 0,10");
//从tb_shangpin数据表中查询出10条的热门品牌
    $info=mysqli_fetch_array($sql);
    if($info==false)
    {
      echo "本站暂无热门产品!";
    }
```

```
        else
        {
          do
          {
?>
```

9.6.5 产品分类频道

该页面为单击导航条中的"产品分类"链接后转到的页面showfenlei.php，按商品的分类显示不同的商品。

首先完成静态页面的设计，该页面完成的效果如图9-46所示。

图9-46 产品分类的页面

分类功能的代码如下所示：

```php
<?php
    if($_GET['id']=="")
    {
      $sql=mysqli_query($conn,"select * from tb_type order by id desc limit
0,1");
    //从tb_type数据表中查询出所有的商品分类
      $info=mysqli_fetch_array($sql);
      $id=$info['id'];
    }
    else
    {
      $id=$_GET['id'];
    }
    $sql1=mysqli_query($conn,"select * from tb_type where id=".$id."");
    $info1=mysqli_fetch_array($sql1);

    $sql=mysqli_query($conn,"select count(*) as total from tb_shangpin where
typeid='".$id."' order by addtime desc ");
    $info=mysqli_fetch_array($sql);
    $total=$info['total'];
```

```
if($total==0)
{
  echo "<div align='center'>本站暂无该类产品!</div>";
}
else
{
?>
```

9.6.6　产品搜索结果

一般的大型网站都存在搜索功能，在首页中要设置商品的搜索功能。输入搜索的商品后，单击搜索按钮，要打开的页面就是这个商品搜索结果页面serchorder.php。

由上面的功能分析出发，设计好的商品搜索结果页面如图9-47所示。

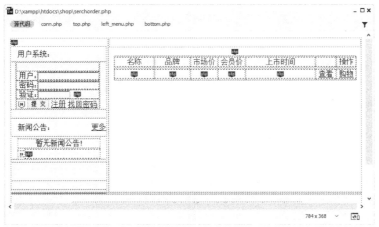

图 9-47　产品搜索结果页面

相关的程序代码分析如下：

```php
<?php
$jdcz=$_POST['jdcz'];
$name=$_POST['name'];
$mh=$_POST['mh'];
$dx=$_POST['dx'];
if($dx=="1"){
$dx=">";
}
elseif($dx=="-1"){
$dx="<";
}
else{
$dx="=";
}
$jg=intval($_POST['jg']);
$lb=$_POST['lb'];
if($jdcz!=""){
$sql=mysqli_query($conn,"select * from tb_shangpin where mingcheng like
'%".$name."%' order by addtime desc");
```

```
//按分类名称查询tb_shangpin数据表
    }
    else
    {
     if($mh=="1"){
$sql=mysqli_query($conn,"select * from tb_shangpin where huiyuanjia $dx".$jg."
 and typeid='".$lb."' and mingcheng like '%".$name."%'");
    }
    //按会员价查询tb_shangpin数据表
    else{
$sql=mysqli_query($conn,"select * from tb_shangpin where huiyuanjia $dx".$jg."
 and typeid='".$lb."' and mingcheng = '".$name."'");
    }
    }
    $info=mysqli_fetch_array($sql);
    if($info==false){
    echo "<script language='javascript'>alert(' 本站暂无类似产品！');history.
go(-1);</script>";
    }
    else{
    ?>
    <table width="530" border="0" align="center" cellpadding="0" cellspacing="1"
bgcolor="#CCCCCC">
    <tr bgcolor="#F0F0F0">
    <td width="92" height="25"><div align="center" style="color: #990000">名称
</div></td>
    <td width="83"><div align="center" style="color: #990000">品牌</div></td>
    <td width="62"><div align="center" style="color: #990000">市场价</div></td>
    <td width="62"><div align="center" style="color: #990000">会员价</div></td>
    <td width="161"><div align="center" style="color: #990000">上市时间</div></td>
    <td    width="48"><div    align="center"    style="color:    #FFFFFF"><span
class="style1"></span></div></td>
    <td width="42"><div align="center" style="color: #990000">操作</div></td>
    </tr>
    <?php
     do{
    ?>
    <tr bgcolor="#FFFFFF">
    <td   height="25"><div   align="center"><?php   echo   $info['mingcheng'];?>
</div></td>
    <td height="25"><div align="center"><?php echo $info['pinpai'];?></div></td>
    <td   height="25"><div   align="center"><?php   echo   $info['shichangjia'];?>
</div></td>
    <td   height="25"><div   align="center"><?php   echo   $info['huiyuanjia'];?>
</div></td>
    <td height="25"><div align="center"><?php echo $info['addtime'];?></div></td>
    <td   height="25"><div   align="center"><a   href="lookinfo.php?id=<?php   echo
$info['id'];?>">查看</a></div></td>
    <td   height="25"><div   align="center"><a   href="addgouwuche.php?id=<?php echo
$info['id'];?>">购物</a></div></td>
    </tr>
    <?php
    }while($info=mysqli_fetch_array($sql));
```

```
        }
    ?>
</table></td>
</tr>
</table>
```

到这里，就完成了商品相关动态页面的设计，可以实现网站产品的前台展示和定购的功能。

9.7　网站的购物车功能

网站的核心技术，就在于产品的展示、网上定购与产品结算功能，在网站建设中这块知识统称为"购物车系统"。购物车最实用的功能就是进行产品结算，通过这个功能，用户在选择自己喜欢的产品后可以通过网站确认所需要购买的产品，输入联系方式，提交后写入数据库，方便网站管理者进行售后服务，这也就是购物车的主要功能。

9.7.1　放入购物车

addgouwuche.php页面在前面的代码中经常应用到，就是单击"购买"按钮后，需要调用的页面，主要是实现统计订单数量的功能页面。该页面完全是PHP代码，如图9-48所示。

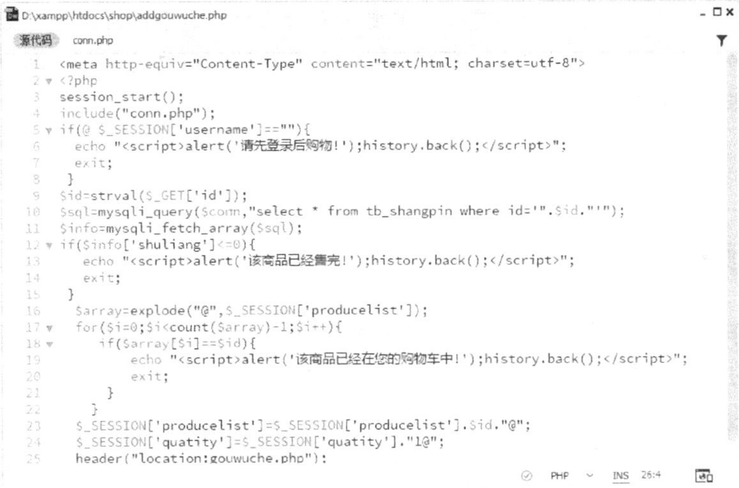

图 9-48　addgouwuche.php 页面的设计

代码分析如下：

```php
<?php
session_start();
include("conn.php");
if($_SESSION['username']==""){
  echo "<script>alert('请先登录后购物!');history.back();</script>";
  exit;
 }
//判断是否已经登录
$id=strval($_GET['id']);
```

```php
$sql=mysqli_query($conn,"select * from tb_shangpin where id='".$id."'");
$info=mysqli_fetch_array($sql);
if($info['shuliang']<=0){
  echo "<script>alert('该商品已经售完!');history.back();</script>";
  exit;
}
//判断是否还有产品
$array=explode("@",$_SESSION['producelist']);
for($i=0;$i<count($array)-1;$i++){
if($array[$i]--$id){
    echo "<script>alert('该商品已经在您的购物车中!');history.back();
</script>";
//判断是否重复购买
    exit;
 }
}
$_SESSION['producelist']=$_SESSION['producelist'].$id."@";
$_SESSION['quatity']=$_SESSION['quatity']."1@";
header("location:gouwuche.php");
//实现统计累加的功能并进行转向
?>
```

注意

　　session在PHP编程技术中，是占有非常重要份量的函数。由于网页是一种无状态的连接程序，因此无法得知用户的浏览状态。必须通过session变量记录用户的有关信息，以供用户再次以此身份，对服务器提供要求时进行确认。

9.7.2　清空购物车

　　在使用购物车定购产品过程中通过单击"删除"和"清空购物车"文字链接，能够调用removegwc.php页面，通过里面的命令可以清空购物车中的数据统计，设计的PHP命令如图9-49所示。

```php
<?php
session_start();
$id=$_GET['id'];
$arraysp=explode("@",$_SESSION[producelist]);
$arraysl=explode("@",$_SESSION[quatity]);
for($i=0;$i<count($arraysp);$i++){
    if($arraysp[$i]==$id){
        $arraysp[$i]="";
        $arraysl[$i]="";
    }
 }
$_SESSION[producelist]=implode("@",$arraysp);
$_SESSION[quatity]=implode("@",$arraysl);
header("location:gouwuche.php");
?>
```

图 9-49　removegwc.php 页面

清除订单的代码如下：

```php
<?php
session_start();
$id=$_GET['id'];
$arraysp=explode("@",$_SESSION['producelist']);
$arraysl=explode("@",$_SESSION['quatity']);
for($i=0;$i<count($arraysp);$i++){
   if($arraysp[$i]==$id){
   $arraysp[$i]="";
   $arraysl[$i]="";
  }
 }
$_SESSION['producelist']=implode("@",$arraysp);
$_SESSION['quatity']=implode("@",$arraysl);
header("location:gouwuche.php");
?>
```

通过上面的命令可以清空购物车里的订单，并返回gouwuche.php页面重新进行产品定购。

9.7.3　收款人信息

用户登录后选择将商品放入购物车，单击结算中心页面上的"去收银台"文字链接，则打开订单用户信息确认页面gouwusuan.php，在该页面中设置收货人的详细信息，设置的结果如图9-50所示。

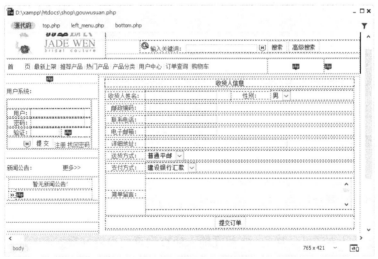

图 9-50   收款人信息页面

9.7.4　生成订单功能

单击 "提交订单"按钮后，则调用savedd.php页面，该页面的功能是把订单写入数据库后返回gouwusuan.php页面，具体代码如下：

303

```
<meta http-equiv="Content-Type" content="text/html; charset=utf-8">
<?php
session_start();
include("conn.php");
$sql=mysqli_query($conn,"select * from tb_user where name='".$_SESSION
['username']."'");
$info=mysqli_fetch_array($sql);
$dingdanhao=date("YmjHis").$info['id'];
$spc=$_SESSION['producelist'];
$slc= $_SESSION['quatity'];
$shouhuoren=$_POST['name2'];
$sex=$_POST['sex'];
$dizhi=$_POST['dz'];
$youbian=$_POST['yb'];
$tel=$_POST['tel'];
$email=$_POST['email'];
$shff=$_POST['shff'];
$zfff=$_POST['zfff'];
if(trim($_POST['ly'])==""){
   $leaveword="";
}
else{
   $leaveword=$_POST['ly'];
}
$xiadanren=$_SESSION['username'];
$time=date("Y-m-j H:i:s");
$zt="未作任何处理";
$total=$_SESSION['total'];
mysqli_query($conn,"insert into tb_dingdan(dingdanhao,spc,slc,shouhuoren,
sex,dizhi,youbian,tel,email,shff,zfff,leaveword,time,xiadanren,zt,total) values
('$dingdanhao','$spc','$slc','$shouhuoren','$sex','$dizhi','$youbian','$tel','
$email','$shff','$zfff','$leaveword','$time','$xiadanren','$zt','$total')");
   header("location:gouwusuan.php?dingdanhao=$dingdanhao");
?>
```

9.7.5　订单查询功能

用户在购物时，还需要知道自己在近段时间内一共购买了多少件商品，可以单击导航条上的"订单查询"按钮，打开查询输入的页面finddd.php。在查询文本域中输入客户的订单编号或者是下订单人的姓名，都可以查到订单的处理情况页面，方便与网站管理者沟通。订单查询功能和首页上的商品搜索功能设计方法是一样的，需要在输入的查询页面设置好数据库的连接，设置查询输入文本域，建立查询命令，具体的设计分析与前面的搜索功能模块设计类似，完成的效果如图9-51所示。

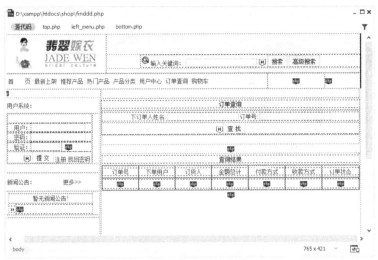

图 9-51　订单查询页面

　　整个购物系统网站前台的动态功能的核心部分都已经完成，还有其他一些小功能页面这里就不进行介绍了，用户在使用时可以根据自己的需求对网站进行一定的完善和改进，达到自己的使用要求。

第 **10** 章

全程实例八：翡翠电子商城后台

翡翠电子商城前台主要实现了网站针对会员的所有功能，包括了会员注册，购物车以及留言的功能开发。但一个完善的网上购物系统并不只提供给用户注册，还要给网站所有者一个功能齐全的后台管理功能。网站所有者登录后台可以进行管理，包括发布新闻公告、会员注册信息的管理、回复留言、商品维护以及处理订单等。本章主要介绍翡翠电子商城后台的一些功能的开发。

本章的学习重点：

- 电子商城系统后台的规划
- 商品管理功能的开发
- 用户管理功能的开发
- 订单管理功能的开发
- 信息管理功能的开发

10.1　电子商城系统后台规划

电子商城的后台管理系统是整个网站建设的难点，它包括了几乎所有的常用PHP处理技术，也相当于一个独立运行的系统程序。实例的后台主要实现"商品管理""用户管理""订单管理"以及"信息管理"4大功能模块，在进行具体的功能开发之前，和网站前台的制作方法一样，首先要进行一个后台的需求整体规划。

10.1.1　后台页面的设计

本实例将所有制作的后台管理的页面放置在admin文件夹下面，和单独设计一个网站一样需要建立一些常用的文件夹，如用于连接数据库的文件夹conn、用于放置网页样式表的文件夹css、放置图片的文件夹images，以及用于放置上传的产品图片文件夹upimages，设计完成的整体文件夹及文件结构如图10-1所示。

图 10-1　网站后台文件结构

该网站后台共由42个页面组成，从开发的难易度上来说并不比开始前台的简单。对需要设计的页面功能分析如下：

- addgonggao.php：增加新闻公告的页面
- addgoods.php：增加商品信息的页面
- addleibie.php：增加商品类别的页面
- admingonggao.php：增加商品公告的页面
- changeadmin.php：管理员信息变更页面
- changegoods.php：商品信息变更页面
- changeleaveword.php：会员留言变更页面
- chkadmin.php：管理员登录验证页面
- conn.php：数据库连接文件页面

- default.php：后台登录后的首页
- deleted.php：删除订单的页面
- deletefxhw.php：删除商品信息页面
- deletegonggao.php：删除公告信息页面
- deletelb.php：删除商品大类页面
- deleteleaveword.php：删除用户留言页面
- deletepingjia.php：删除商品评论页面
- deleteuser.php：删除用户信息页面
- dongjieuser.php：冻结用户处理页面
- editgonggao.php：编辑公告内容页面
- editgoods.php：编辑商品信息页面
- editleaveword.php：编辑用户留言页面
- editpinglun.php：编辑用户评论页面
- edituser.php：编辑用户信息页面
- finddd.php：订单查询页面
- function.php：调用的常用函数页面
- index.php：后台用户登录页面
- left.php：展开式树状导航条
- lookdd.php：查看订单页面
- lookleaveword.php：查看用户留言页面
- lookpinglun.php：查看用户评论页面
- lookuserinfo.php：查看用户信息页面
- orddd.php：执行订单页面
- saveaddleibie.php：保存新增商品大类页面
- savechangeadmin.php：保存用户信息变更页面
- savechangegoods.php：保存经修改商品信息页面
- saveeditgonggao.php：保存经修改公告内容页面
- savenewgonggao.php：保存新增公告信息页面
- savenewgoods.php：保存新增商品信息页面
- saveorder.php：保存执行订单页面
- showdd.php：打印订单的功能页面
- showleibie.php：商品大类显示页面
- top.php：后台管理的顶部文件

10.1.2 后台管理登录页面

后台功能的开发和网站前台的功能展示开发并不大一样，前台除了功能的需求之外，还需要讲究更多的网页布局，即网站的美工设计，后台的开发主要重视功能的需求开发，而网页美工可以放到其次。本小节介绍一下管理员从网站后台登录到进行管理具体经过哪些流程，以方便读者更容易了解后面小节的内容。

对于网站拥有者需要登录后台进行管理网上购物系统，由于涉及很多商业机密，所以需要设计登录用户确认页面，通过输入唯一的用户名和密码来登录后台进行管理。本网上购物系统为了方便使用，只需要在首页用户系统中直接输入"用户名"为admin，"密码"为123456，登录的地址为：http://127.0.0.1/shop/admin/login.php，如图10-2所示。

图 10-2　后台管理登录页面

单击"登录"按钮即可以登录后台的首页进行全方位的管理，如图10-3所示。

图 10-3　后台管理主界面

单击左边树状的管理菜单中的"商品管理"菜单项，可以看到它包含了"增加商品""修改商品""类别管理"和"添加类别"4个功能选项，通过这4个功能可以实现商品的添加、修改管理。如图10-4所示为增加商品页面。

图 10-4 "增加商品"页面

如果想实现对用户的管理，可以单击"用户管理"菜单项，里面包括了"会员管理""留言管理"以及"更改管理员"3个功能选项。通过这3个功能选项，后台管理者不但可以实现对注册会员的删除，还可以实现相应留言的删除管理，对于后台登录的admin身份也可以进行变更。如图10-5所示为对后台管理者进行变更。

图 10-5 后台管理者变更页面

"订单管理"是购物系统后台管理的核心部分，单击"订单管理"菜单项，可以看到其包括"编辑订单"和"查询订单"两个功能选项。其中"编辑订单"就是实现前台会员下订单后与管理者的一个交互，管理者需要及时处理订单，并进行发货才可以实现购物交易，"编辑订单"的页面如图10-6所示。

图 10-6　"编辑订单"页面

单击"信息管理"菜单项可以看到其包括了"管理公告""发布公告"和"管理评价"3个功能，通过这3个功能能够实现整个网站的即时新闻发布，公告修改以及商品评论的编辑修改功能，如图10-7所示。

图 10-7　"管理公告"页面

通过以上分析，管理者登录后台管理页面的后台管理功能非常流畅，能够非常方便进行后台管理，这也是需要网站设计者与管理者沟通到位，问清需求后才可以规划出实用的网站后台。

10.1.3　设计后台管理

一般后台管理者在进行后台管理时都是需要进行身份验证的，实例用于登录的页面如图10-8所示，在单击"登录"按钮后，判断后台登录管理者身份的确认动态文件为chkadmin.php。

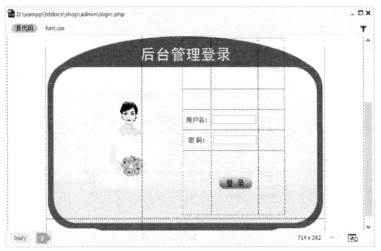

图 10-8　后台管理登录静态页面效果

该页面的制作比较简单，主要的功能代码如下：

```
<script language="javascript">
  function chkinput(form){
    if(form.name.value==""){
  alert("请输入用户名!");
  form.name.select();
  return(false);
}
if(form.pwd.value==""){
  alert("请输入用户密码!");
  form.pwd.select();
  return(false);
}
return(true);
  }//单击登录按钮进行表单的验证
</script>
<form  name="form1"  method="post"  action="chkadmin.php"  onSubmit="return
chkinput(this)">
  //通过验证后转到chkadmin.php进行判断
```

chkadmin.php页面是判断管理者身份是否正确的页面，使用PHP编写的代码如下：

```
<?php
 class chkinput{
   var $name;
   var $pwd;
   function chkinput($x,$y)
    {
    $this->name=$x;
    $this->pwd=$y;
    }
   function checkinput()
    {
    include("conn.php");
$sql=mysqli_query("select * from tb_admin where name='".$this->name."'",$conn);
```

```
//从数据表tb_admin调出数据
    $info=mysqli_fetch_array($sql);
    if($info==false)
        {
        echo  "<script  language='javascript'>alert(' 不 存 在 此 管 理 员 ！
');history.back();</script>";
        exit;
        }
//如果不存在则显示为"不存在此管理员"
    else
        {
        if($info['pwd']==$this->pwd){
            header("location:default.php");
        }
//如果正确则登录default.php页面
        else
        {
        echo  "<script  language='javascript'>alert(' 密 码 输 入 错 误 ！
');history.back();</script>";
            exit;
        }
    }
}
$obj=new chkinput(trim($_POST['name']),md5(trim($_POST['pwd'])));
$obj->checkinput();
?>
```

10.1.4　设计树状菜单

后台管理的导航菜单是一个树状的展开式菜单，分为二级菜单，在单击一级菜单时可以实现二级菜单的展开和合并的操作，在Dreamweaver CC 2017中设计的样式如图10-9所示。

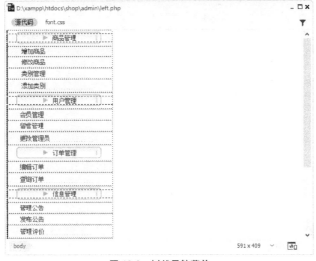

图 10-9　树状导航菜单

而实现菜单的展开和合并动态功能是使用JavaScript实现的，核心的代码如下：

```javascript
<script language="javascript">
 function openspgl(){
   if(document.all.spgl.style.display=="none"){
  document.all.spgl.style.display="";
  document.all.d1.src="images/point3.gif";
 }
 else{
  document.all.spgl.style.display="none";
  document.all.d1.src="images/point1.gif";
 }
 }
 function openyhgl(){
   if(document.all.yhgl.style.display=="none"){
  document.all.yhgl.style.display="";
  document.all.d2.src="images/point3.gif";
 }
 else{
  document.all.yhgl.style.display="none";
  document.all.d2.src="images/point1.gif";
 }
 }
 function openddgl(){
   if(document.all.ddgl.style.display=="none"){
  document.all.ddgl.style.display="";
  document.all.d3.src="images/point3.gif";
 }
 else{
  document.all.ddgl.style.display="none";
  document.all.d3.src="images/point1.gif";
 }
 }
 function opengggl(){
   if(document.all.gggl.style.display=="none"){
  document.all.gggl.style.display="";
  document.all.d4.src="images/point3.gif";
 }
 else{
  document.all.gggl.style.display="none";
  document.all.d4.src="images/point1.gif";
 }
 }
</script>
```

上述的代码经常应用于网站的动态菜单设计，读者可以将其应用于其他的网站，甚至是网站的前台菜单。

10.2 商品管理功能

由需求出发，商品管理包括了"增加商品""修改商品""类别管理"和"添加类别"4个功能主页面，本节介绍这几个商品管理功能页面的实现方法。

10.2.1　新增商品

在前台所有展示的产品都是要从后台进行商品发布的，供商品发布的字段要与数据库中保存商品的设计字段一一对应，实例设计的添加商品addgoods.php静态页面效果如图10-10所示。

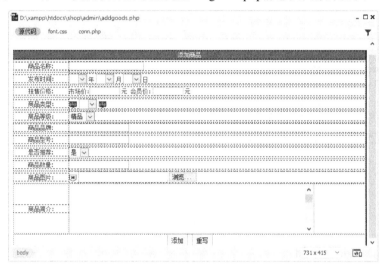

图 10-10　添加商品的页面效果

动态的程序核心代码如下：

```
<script language="javascript">
function chkinput(form)
{
  if(form.mingcheng.value=="")
   {
     alert("请输入商品名称!");
form.mingcheng.select();
return(false);
   }
  if(form.huiyuanjia.value=="")
   {
     alert("请输入商品会员价!");
form.huiyuanjia.select();
return(false);
   }
  if(form.shichangjia.value=="")
   {
     alert("请输入商品市场价!");
form.shichangjia.select();
return(false);
   }
  if(form.dengji.value=="")
   {
     alert("请输入商品等级!");
```

```
    form.dengji.select();
    return(false);
      }
    if(form.pinpai.value=="")
    {
      alert("请输入商品品牌!");
    form.pinpai.select();
    return(false);
      }
    if(form.xinghao.value=="")
    {
      alert("请输入商品型号!");
    form.xinghao.select();
    return(false);
      }
    if(form.shuliang.value=="")
    {
      alert("请输入商品数量!");
    form.shuliang.select();
    return(false);
      }
    if(form.jianjie.value=="")
    {
      alert("请输入商品简介!");
    form.jianjie.select();
    return(false);
      }
    return(true);
  }
    </script>
//进行表单验证
    <form name="form1" enctype="multipart/form-data" method="post" action=
"savenewgoods.php" onSubmit="return chkinput(this)">
    //验证后提交到savenewgoods.php页面进行处理
```

savenewgoods.php是实现将发布的商品信息保存到数据库的文件，代码如下：

```
<?php
include("conn.php");
if(is_numeric($_POST['shichangjia'])==false ||
is_numeric($_POST['huiyuanjia'])==false)
  {
    echo "<script>alert('价格只能为数字!');history.back();</script>";
    exit;
  }
if(is_numeric($_POST['shuliang'])==false)
  {
    echo "<script>alert('数量只能为数字!');history.back();</script>";
    exit;
  }
$mingcheng=$_POST['mingcheng'];
$nian=$_POST['nian'];
$yue=$_POST['yue'];
```

```php
$ri=$_POST['ri'];
$shichangjia=$_POST['shichangjia'];
$huiyuanjia=$_POST['huiyuanjia'];
$typeid=$_POST['typeid'];
$dengji=$_POST['dengji'];
$xinghao=$_POST['xinghao'];
$pinpai=$_POST['pinpai'];
$tuijian=$_POST['tuijian'];
$shuliang=$_POST['shuliang'];
$upfile=$_POST['upfile'];
if(ceil(($huiyuanjia/$shichangjia)*100)<=80)
 {
    $tejia=1;
 }
 else
 {
    $tejia=0;
 }
function getname($exname){
    $dir = "upimages/";
//列出产品图片的上传目录
    $i=1;
    if(!is_dir($dir)){
       mkdir($dir,0777);
    }
    while(true){
       if(!is_file($dir.$i.".".$exname)){
       $name=$i.".".$exname;
       break;
    }
    $i++;
 }
    return $dir.$name;
 }
$exname=strtolower(substr($_FILES['upfile']['name'],(strrpos($_FILES['upfil
e']['name'],'.')+1)));
   $uploadfile = getname($exname);
   move_uploaded_file($_FILES['upfile']['tmp_name'], $uploadfile);
   if(trim($_FILES['upfile']['name']!=""))
 {
  $uploadfile="admin/".$uploadfile;
 }
 else
 {
  $uploadfile="";
 }
   $jianjie=$_POST['jianjie'];
   $addtime=$nian."-".$yue."-".$ri;
   mysqli_query("insert into tb_shangpin(mingcheng,jianjie,addtime,dengji,
xinghao,tupian,typeid,shichangjia,huiyuanjia,pinpai,tuijian,shuliang,cishu)val
ues('$mingcheng','$jianjie','$addtime','$dengji','$xinghao','$uploadfile','$ty
peid','$shichangjia','$huiyuanjia','$pinpai','$tuijian','$shuliang','0')",$con
n);
```

```
echo "<script>alert('商品".$mingcheng."添加成功!');
window.location.href='addgoods.php';</script>";
    ?>
//上传成功转向addgoods.php页面
```

上述PHP的代码编写中，核心在于产品图片的上传功能。

10.2.2　修改商品

在商品发布后，如果发现发布的商品信息有错误，可以通过单击"修改商品"功能选项来进行商品信息的调整，在后台中单击"修改商品"打开的是editgoods.php页面。

步骤01　使用Dreamweaver CC 2017制作的静态页面效果如图10-11所示。

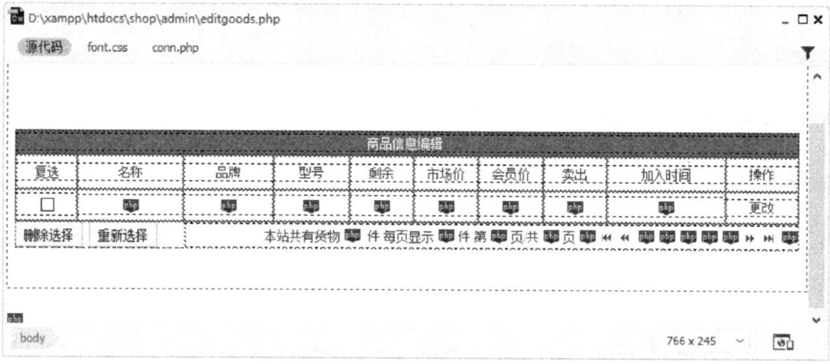

图 10-11　修改商品信息静态页面效果

步骤02　在该页面中选中"复选"复选框，单击"删除选择"按钮可以实现链接到deletefxhw.php页面来进行删除商品信息操作。从数据库中删除商品信息，使用的代码如下：

```php
<?php
include("conn.php");
while(list($name,$value)=each($_POST))
 {
    $sql=mysqli_query("select tupian from tb_shangpin where id='".$value."'",$conn);
   $info=mysqli_fetch_array($sql);
   if($info['tupian']!="")
   {
    @unlink(substr($info['tupian'],6,(strlen($info['tupian'])-6)));

   }
   $sql1=mysqli_query($conn,"select * from tb_dingdan ");
   while($info1=mysqli_fetch_array($sql1))
   {  $id1=$info1['id'];
      $array=explode("@",$info1['spc']);
      for($i=0;$i<count($array);$i++){
        if($array[$i]==$value)
         {
           mysqli_query($conn,"delete from tb_dingdan where id='".$id1."'");
         }
      }
```

```
    }
      mysqli_query($conn,"delete from tb_shangpin where id='".$value."'");
    mysqli_query($conn,"delete from tb_pingjia where spid='".$value."'");
  }
 header("location:editgoods.php");
?>
```

步骤03 通过单击"更改"文字链接能打开changegoods.php页面来进行商品信息的变更，该页面设计的样式和添加商品时的样式是相同的，如图10-12所示。

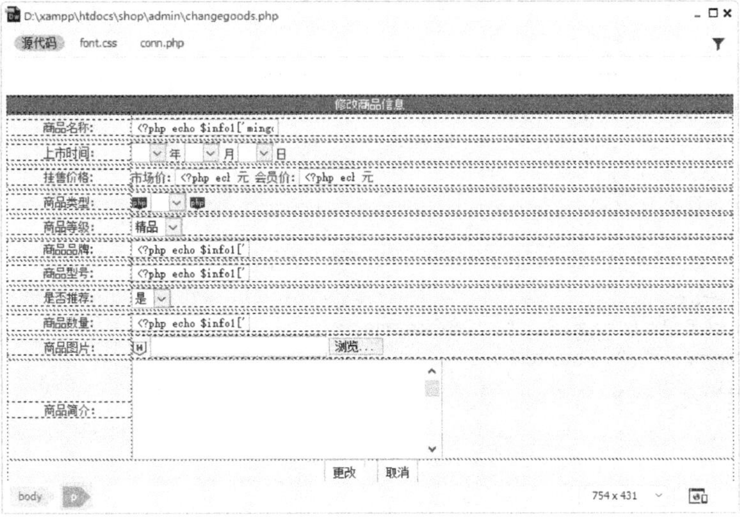

图 10-12　修改商品字段采集页面

步骤04 在编辑商品信息之后，单击"更改"按钮提交表单到savechangegoods.php页面进行数据库的更新操作，核心代码如下：

```
<meta http-equiv="Content-Type" content="text/html; charset=utf-8">
<?php
include("conn.php");
$mingcheng=$_POST['mingcheng'];
$nian=$_POST['nian'];
$yue=$_POST['yue'];
$ri=$_POST['ri'];
$shichangjia=$_POST['shichangjia'];
$huiyuanjia=$_POST['huiyuanjia'];
$typeid=$_POST['typeid'];
$dengji=$_POST['dengji'];
$xinghao=$_POST['xinghao'];
$pinpai=$_POST['pinpai'];
$tuijian=$_POST['tuijian'];
$shuliang=$_POST['shuliang'];
//$upfile=$_POST[upfile];

 if(ceil(($huiyuanjia/$shichangjia)*100)<=80)
 {

    $tejia=1;
```

```
    }
    else
    {
       $tejia=0;
    }
  if(@ $upfile!="")
  {
  $sql=mysqli_query($conn,"select * from tb_shangpin where id=".$_GET[id]."");
  $info=mysqli_fetch_array($sql);
  @unlink(substr($info['tupian'],6,(strlen($info['tupian'])-6)));
  }

  function getname($exname){
     $dir = "upimages/";
     $i=1;
     if(!is_dir($dir)){
        mkdir($dir,0777);
     }

     while(true){
        if(!is_file($dir.$i.".".$exname)){
          $name=$i.".".$exname;
          break;
       }
      $i++;
     }

     return $dir.$name;
  }

  $exname=strtolower(substr($_FILES['upfile']['name'],(strrpos($_FILES['upfil
e']['name'],'.')+1)));
  $uploadfile = getname($exname);

  move_uploaded_file($_FILES['upfile']['tmp_name'], $uploadfile);

  $uploadfile="admin/".$uploadfile;

  $jianjie=$_POST['jianjie'];
  $addtime=$nian."-".$yue."-".$ri;

  mysqli_query($conn,"update tb_shangpin set mingcheng='$mingcheng',jianjie=
'$jianjie',addtime='$addtime',dengji='$dengji',xinghao='$xinghao',tupian='$upl
oadfile',typeid='$typeid',shichangjia='$shichangjia',huiyuanjia='$huiyuanjia',
pinpai='$pinpai',tuijian='$tuijian',shuliang='$shuliang' where id=".$_GET['id']."");
   echo "<script>alert('商品 ".$mingcheng." 修改成功!');history.back();;
</script>";
   ?>
```

更新数据库主要应用到了update这个数据库更新的命令。

10.2.3　类别管理

单击商品的"类别管理"功能选项可以进行商品类别的删除操作，选中"操作"复选框，再单击"删除选项"按钮即可将类别从数据库中删除，该功能首页为showleibie.php。

使用Dreamweaver CC 2017设计的页面静态效果如图10-13所示。该页面主要实现从类别的数据表中查询出相应的数据绑定到该页面。

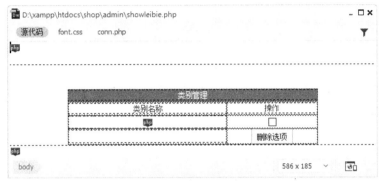

图 10-13　类别管理主页面

选中相应的类别复选框，单击"删除选项"按钮提交表单到deletelb.php动态页面进行删除类别，在删除时要把相关联的商品信息也一并删除，通过商品的id同时删除tb_type和tb_shangpin即可实现，实现删除类别的代码如下：

```php
<?php
include("conn.php");
while(list($name,$value)=each($_POST)){
 mysqli_query($conn,"delete from tb_type where id='".$value."'");
//删除类别
 mysqli_query($conn ,"delete from tb_shangpin where id='".$value."'");
//删除类别下的商品
 }
header("location:showleibie.php");
//删除成功转向showleibie.php页面
?>
```

10.2.4　添加类别

电子商务网站的商品是多种多样的，在后台要设置商品分类的功能。在实际的网站开发中经常有一级分类、二级分类甚至三级分类，其中还涉及菜单的二级联动问题。本实例只建立了一级分类，管理者可以在后台直接添加一级分类，添加类别功能的主页面是addleibie.php。

使用Dreamweaver CC 2017设计addleibie.php页面的静态效果如图10-14所示。

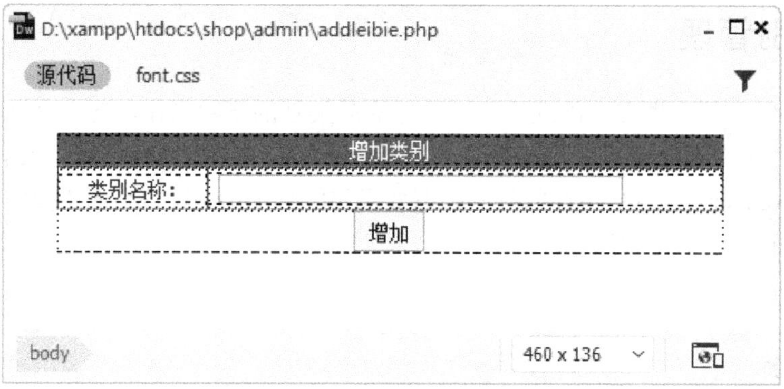

图 10-14　设计的增加类别主页效果

在单击"增加"按钮时要进行表单验证，并提交到saveaddleibie.php页面进行插入数据库的操作，该页面的代码如下：

```
<meta http-equiv="Content-Type" content="text/html; charset=utf-8">
<?php
$leibie=$_POST['leibie'];
include("conn.php");
$sql=mysqli_query($conn,"select * from tb_type where typename='".$leibie."'");
$info=mysqli_fetch_array($sql);
if($info!=false){
 echo"<script>alert('该类别已经存在!');window.location.href='addleibie. php';
</script>";
 exit;
 }
 mysqli_query($conn,"insert into tb_type(typename) values ('$leibie')");
 echo"<script>alert('新类别添加成功!');window.location.href='addleibie. php';
</script>";
 ?>
//添加成功指向addleibie.php
```

在代码编写时要充分考虑到类别是否已经存在，因此要加入一个判断。

10.3　用户管理功能

用户管理功能与前台的用户注册功能是互相对应的，对于购物网站来说，一个完整的用户管理系统一定要有一个功能比较强大的用户后台方便进行管理，实例中制作了"会员管理""留言管理"和"更改管理员"3个功能选项，本节介绍这几个功能的实现方法。

10.3.1　会员管理

会员的管理功能主要是指能够在后台实现会员的删除操作，对一些会员还能够实现"冻结"的操作，即保留会员的信息，但禁止其在前台进行购物及发言。会员管理功能的首页为edituser.php，制作的详细步骤如下：

步骤01　使用Dreamweaver CC 2017设计的页面如图10-15所示。

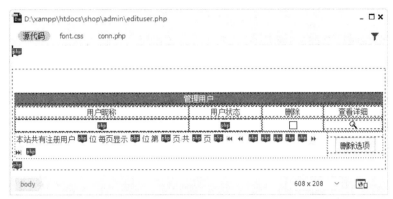

图 10-15　会员管理主页 edituser.php

步骤02　选中"删除"复选框，单击"删除选项"按钮能够提交表单到deleteuser.php动态页面，实现会员数据删除的操作，该页面的程序如下：

```php
<meta http-equiv="Content-Type" content="text/html; charset=utf-8">
<?php
include("conn.php");
while(list($name,$value)=each($_POST))
  {
mysqli_query($conn,"delete from tb_user where id=".$value."");
 mysqli_query($conn,"delete from tb_pingjia where userid=".$value."");
 mysqli_query($conn,"delete from tb_leaveword where userid=".$value."");
  }
header("location:edituser.php");
?>
```

注意

在删除会员时同样要注意删除数据库中tb_user、tb_pingjia和tb_leaveword这3个数据表中所有关联的数据，删除成功后要返回会员管理主页面。

步骤03　在单击"查看详细"链接后，打开的是用户信息的页面lookuserinfo.php，设计的页面如图10-16所示。

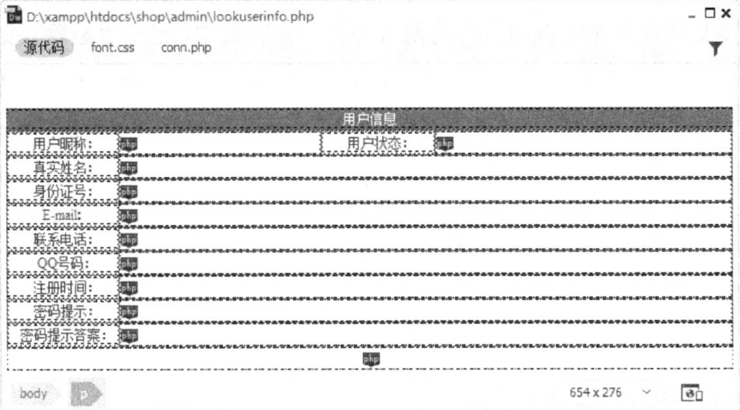

图 10-16　用户信息页面 lookuserinfo.php

在程序的编写时实现"冻结"和"解冻"其实非常简单,只需用赋值为0或者1来区分是否冻结,在查询会员信息时按查询是0或者是1来为会员设置权限。代码如下:

```php
<?php
  $sql=mysqli_query($conn,"select * from tb_user where id=".$id."");
  $info=mysqli_fetch_array($sql);
  if($info['dongjie']==0)
   {
     echo "冻结该用户";
   }
  else
   {
     echo "解除冻结";
   }
 ?>
```

10.3.2 留言管理

当会员在购物时遇到问题可以直接通过留言功能和管理者进行沟通,后台管理者要及时浏览会员的留言并进行相应的处理,对于一些没有价值的留言可以进行直接删除的操作。用于留言管理的主页面是lookleaveword.php页面。

制作lookleaveword.php页面效果如图10-17所示。

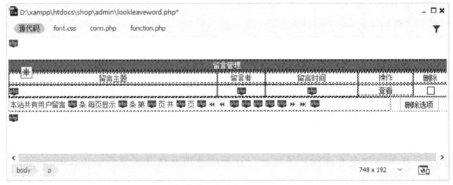

图 10-17　留言处理主页面 lookleaveword.php

该页面也主要是从数据库中查询所有的留言并显示在网页中,选中"删除"复选框,单击"删除选项"按钮提交表单信息至deleteleaveword.php页面进行删除数据的操作,实现删除的代码如下:

```php
<?php
include("conn.php");
while(list($name,$value)=each($_POST))
{
  mysqli_query($conn,"delete from tb_leaveword where id='".$value."'");

}
header("location:lookleaveword.php");
?>
//删除成功返回lookleaveword.php
```

10.3.3　更改管理员

网站开发者在开发时一般使用的用户名和密码都是admin，在提交给网站管理者时，为了安全起见，管理者要能够实现对后台管理者的用户名和密码进行修改，实现该功能的主页面是changeadmin.php。

制作的更改管理员主页changeadmin.php的效果如图10-18所示。

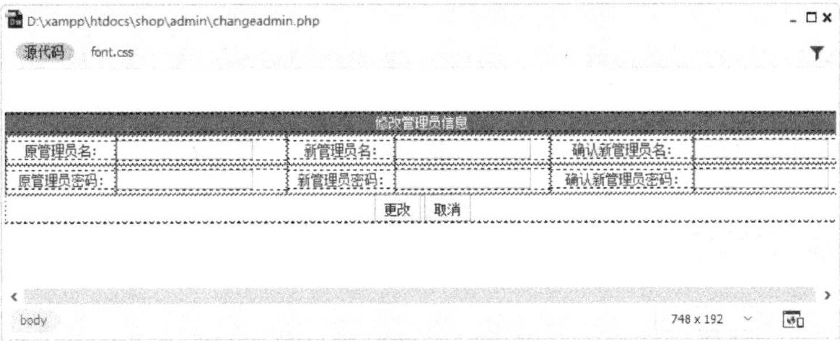

图 10-18　网站管理者后台修改主页面

在输入新旧管理员的用户名和密码后，再单击"更改"按钮就可以提交表单进行验证，并提交到savechangeadmin.php进行数据更新的操作，实现的代码如下：

```php
<meta http-equiv="Content-Type" content="text/html; charset=utf-8">
<?php
$n0=$_POST['n0'];
$n1=$_POST['n1'];
$p0=md5($_POST['p0']);
$p1=trim($_POST['p1']);
include("conn.php");

 $sql=mysqli_query($conn,"select * from tb_admin where name='".$n0."'");
 $info=mysqli_fetch_array($sql);
 if($info==false)
  {
   echo "<script>alert('不存在此用户!');history.back();</script>";
   exit;
  }
 else
  {
   if($info['pwd']==$p0)
  {
  if($n1!="")
   {

  mysqli_query($conn,"update tb_admin set name='".$n1."'where id=".$info
['id']." ");
   }
  if($p1!="")
   {
    $p1=md5($p1);
    mysqli_query($conn,"update tb_admin set pwd='".$p1."' where id=".$info
```

```
['id']."");

      }
    }
    else
    {
      echo "<script>alert('原密码输入错误!');history.back();</script>";
        exit;
    }
    }
  echo "<script>alert('更改成功!');history.back();</script>";
  ?>
```

该程序首先对管理员的用户名进行验证，判断正确后才进行更新数据，并显示更新成功。

10.4 订单管理功能

订单管理功能是购物网站的重点，对于网站管理者而言一定要及时登录后台对订单进行管理并及时发货。实例在管理员登录后台时把订单管理功能的页面放到了默认打开的页面，主要包括了"编辑订单"和"查询订单"两个功能，下面分别进行介绍。

10.4.1 编辑订单

所谓的"编辑订单"是指管理者在登录后台后，对会员提交的订单进行"已收款""已发货"和"已收货"验证，同时要及时打印出网上订单提交给公司进行发货处理。编辑订单的主页是lookdd.php。

步骤01 设计的lookdd.php页面效果如图10-19所示。该页面也只是显示简单的订单信息功能，只要从数据库中查询订单进行显示即可。

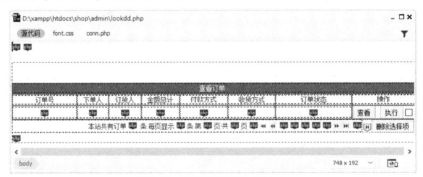

图 10-19 查看订单页面 lookdd.php

步骤02 设计的第二步就是实现单击"查看"按钮时，能调出订单的详细内容showdd.php页面并能进行打印，效果如图10-20所示。

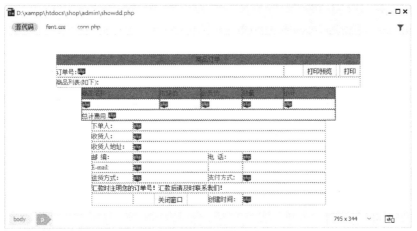

图 10-20 订单详细内容

showdd.php页面中需要调用函数实现打印的功能，具体的代码如下：

```
<html>
<head>
<meta http-equiv="Content-Type" content="text/html; charset=utf-8">
<title>商品订单</title>
<link rel="stylesheet" type="text/css" href="css/font.css">
<style type="text/css">
<!--
@media print{
div{display:none}
}
.style3 {color: #990000}
-->
</style>
</head>
<?php
  include("conn.php");
  $id=$_GET['id'];
  $sql=mysqli_query($conn,"select * from tb_dingdan where id='".$id."'");
  $info=mysqli_fetch_array($sql);
  $spc=$info['spc'];
  $slc=$info['slc'];
  $arraysp=explode("@",$spc);
  $arraysl=explode("@",$slc);
?>
<body topmargin="0" leftmargin="0" bottommargin="0">
<p> </p>
<table width="600"  border="0" align="center" cellpadding="0" cellspacing="0">
  <tr align="center" bgcolor="#FFCF60">
    <td height="20" colspan="2" bgcolor="#0099FF">商品订单</td>
  </tr>
  <tr>
    <td width="448" height="20">订单号: <?php echo $info['dingdanhao'];?></td>
    <td width="152"><div align="right">
  <script>
```

327

```
        function prn(){
        document.all.WebBrowser1.ExecWB(7,1);
        }
        </script>
        <object    ID='WebBrowser1'    WIDTH=0    HEIGHT=0    CLASSID='CLSID:8856F961-
340A-11D0-A96B-00C04FD705A2'></object>
        <input  type="button"  value=" 打 印 预 览 "  class="buttoncss"  onClick="prn()">
 
        <input type="button" value="打印" class="buttoncss" onClick="window.print()">
</div></td>
        </tr>
        <tr>
          <td height="20" colspan="2">商品列表(如下): </td>
        </tr>
    </table>
    <table  width="500"  height="60"  border="0"  align="center"  cellpadding="0"
cellspacing="0">
      <tr>
          <td  bgcolor="#666666"><table  width="500"  border="0"  align="center"
cellpadding="0" cellspacing="1">
          <tr bgcolor="#0099FF">
            <td width="153" height="20">商品名称</td>
            <td width="80">市场价</td>
            <td width="80">会员价</td>
            <td width="80">数量</td>
            <td width="101">小计</td>
          </tr>
        <?php
        $total=0;
        for($i=0;$i<count($arraysp)-1;$i++){
          if($arraysp[$i]!=""){
          $sql1=mysqli_query($conn,"select * from tb_shangpin where id='".$arraysp
[$i]."'");
            $info1=mysqli_fetch_array($sql1);
            $total=$total+=$arraysl[$i]*$info1['huiyuanjia'];
        ?>
        <tr bgcolor="#FFFFFF">
            <td height="20"><?php echo $info1['mingcheng'];?></td>
            <td height="20"><?php echo $info1['shichangjia'];?></td>
            <td height="20"><?php echo $info1['huiyuanjia'];?></td>
            <td height="20"><?php echo $arraysl[$i];?></td>
            <td height="20"><?php echo $arraysl[$i]*$info1['huiyuanjia'];?></td>
        </tr>
        <?php
          }
          }
        ?>
        <tr bgcolor="#FFFFFF">
          <td height="20" colspan="5">
            总计费用:<?php echo $total;?>
          </td>
        </tr>
      </table></td>
```

```
    </tr>
  </table>
  <table width="460" border="0" align="center" cellpadding="0" cellspacing="0">
    <tr>
      <td width="81" height="20">下单人：</td>
      <td colspan="3"><?php echo $info['xiadanren'];?></td>
    </tr>
    <tr>
      <td height="20">收货人：</td>
      <td height="20" colspan="3"><?php echo $info['shouhuoren'];?></td>
    </tr>
    <tr>
      <td height="20">收货人地址：</td>
      <td height="20" colspan="3"><?php echo $info['dizhi'];?></td>
    </tr>
    <tr>
      <td height="20">邮  编：</td>
      <td width="145" height="20"><?php echo $info['youbian'];?></td>
      <td width="66">电  话：</td>
      <td width="158"><?php echo $info['tel'];?></td>
    </tr>
    <tr>
      <td height="20">E-mail:</td>
      <td height="20"><?php echo $info['email'];?></td>
      <td height="20"> </td>
      <td height="20"> </td>
    </tr>
    <tr>
      <td height="20">送货方式：</td>
      <td height="20"><?php echo $info['shff'];?></td>
      <td height="20">支付方式：</td>
      <td height="20"><?php echo $info['zfff'];?></td>
    </tr>
    <tr>
      <td height="20" colspan="4"><span class="inputcssnull">汇款时注明您的订单号！汇款后请及时联系我们！</span></td>
    </tr>
    <tr>
      <td height="20"> </td>
      <td height="20"><div align="center"><input type="button" onClick="window.close()" value="关闭窗口" class="buttoncss"></div></td>
      <td height="20">创建时间：</td>
      <td height="20"><?php echo $info['time'];?></td>
    </tr>
  </table>
  </body>
  </html>
```

步骤03　要实现订单的网上处理，单击"执行"按钮即可以打开orderdd.php页面，进行订单的处理，上面包括了"已收款""已发货""已收货"3个复选框，对其进行相应的处理,如图10-21所示。

329

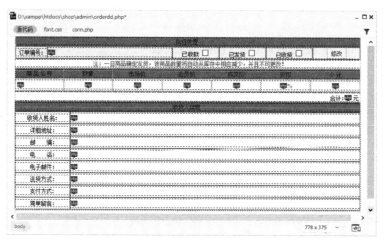

图 10-21　执行订单 orderdd.php

步骤04　单击"修改"按钮，即提交表单到saveorder.php页面进行数据的修改并保存，具体的代码如下：

```
<meta http-equiv="Content-Type" content="text/html; charset=utf-8">
<?php
$ysk=$_POST['ysk']." ";
$yfh=$_POST['yfh']." ";
$ysh=$_POST['ysh']." ";
$zt="";
if($ysk!=" "){
   $zt.=$ysk;
}
if($yfh!=" "){
   $zt.=$yfh;
}
if($ysh!=" "){
   $zt.=$ysh;
}
if(($ysk==" ")&&($yfh==" ")&&($ysh==" ")){
   echo "<script>alert('请选择处理状态!');history.back();</script>";
exit;
}
include("conn.php");
$sql3=mysqli_query($conn,"select   *   from   tb_dingdan   where   id='".$_GET
['id']."'");
$info3=mysqli_fetch_array($sql3);
if(trim($info3['zt'])=="未作任何处理"){
$sql=mysqli_query($conn,"select * from tb_dingdan where id='".$_GET[id]."'");
$info=mysqli_fetch_array($sql);
$array=explode("@",$info['spc']);
$arraysl=explode("@",$info['slc']);

for($i=0;$i<count($array);$i++){
  $id=$array[$i];
    $num=$arraysl[$i];
      mysqli_query($conn,"update   tb_shangpin   set   cishu=cishu+'".$num."',
```

```
shuliang=shuliang-'".$num."' where id='".$id."'");
      }
   }
   mysqli_query($conn,"update  tb_dingdan  set  zt='".$zt."'where  id='".$_GET
[id]."'");
   header("location:lookdd.php");
?>
```

通过上述4个步骤的设计，后台的订单编辑功能即开发完成。

10.4.2　查询订单

在网站运营一段时间后，网上的订单会越来越多，会经常遇到会员查询订单的情况，网站管理者同样也需要一个订单的后台查询功能，才能方便地找到相应的订单。实例查询和显示的结果是在同一个页面，即finddd.php。

制作的finddd.php页面的效果如图10-22所示。

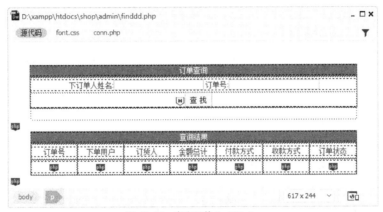

图 10-22　查询订单 finddd.php

核心程序如下：

```
<html>
<head>
<meta http-equiv="Content-Type" content="text/html; charset=utf-8">
<title>订单查询</title>
<link rel="stylesheet" type="text/css" href="css/font.css">
</head>
<?php
  include("conn.php");
?>
<body topmargin="0" leftmargin="0" bottommargin="0">
<p> </p>
<table width="550" border="0" align="center" cellpadding="0" cellspacing="0">
      <tr>
        <td height="20" bgcolor="#0099FF"><div align="center" style="color:
#FFFFFF">订单查询</div></td>
      </tr>
      <tr>
```

```
            <td height="50" bgcolor="#555555"><table width="550" height="50"
border="0" align="center" cellpadding="0" cellspacing="1">
              <tr>
                <td bgcolor="#FFFFFF">
                <table    width="550"    height="50"    border="0"    align="center"
cellpadding="0" cellspacing="0">
                    <script language="javascript">
                      function chkinput3(form)
                        {
                          if((form.username.value=="")&&(form.ddh.value==""))
                           {
                            alert("请输入下订单人或订单号");
                            form.username.select();
                            return(false);
                           }
                          return(true);

                        }
                    </script>
                    <form name="form3" method="post" action="finddd.php" onSubmit=
"return chkinput3( this)">
                      <tr>
                        <td  height="25"><div  align="center"> 下 订 单 人 姓 名 :<input
type="text" name="username" class="inputcss" size="25" >
                        订 单 号 :<input  type="text"  name="ddh"  size="25"  class=
"inputcss" ></div></td>
                      </tr>
                      <tr>
                        <td height="25">
                          <div align="center">
                              <input type="hidden" value="show_find" name="show_find">
                            <input  name="button"  type="submit"  class="buttoncss"
id="button" value="查 找">
                          </div></td>
                      </tr>
                      </form>
                  </table></td>
                </tr>
            </table></td>
          </tr>
    </table>
      <table width="550" height="20" border="0" align="center" cellpadding="0"
cellspacing="0">
        <tr>
          <td> </td>
        </tr>
      </table>
    <?php
    if(@ $_POST['show_find']!=""){
      $username=trim($_POST['username']);
      $ddh=trim($_POST['ddh']);
      if($username==""){
          $sql=mysqli_query($conn,"select * from tb_dingdan where dingdanhao
```

```
='".$ddh."'");
            }
        elseif($ddh==""){
            $sql=mysqli_query($conn,"select * from tb_dingdan where xiadanren=
'".$username."'");
            }
        else{
            $sql=mysqli_query($conn,"select * from tb_dingdan where xiadanren=
'".$username."'and dingdanhao='".$ddh."'");
            }
        $info=mysqli_fetch_array($sql);
        if($info==false){
            echo "<div algin='center'>对不起,没有查找到该订单!</div>";
            }
         else{
    ?>
    <table width="550" border="0" align="center" cellpadding="0" cellspacing=
"0">
        <tr>
        <td height="20" bgcolor="#0099FF"><div align="center" style="color:
#FFFFFF">查询结果</div></td>
        </tr>
        <tr>
         <td height="50" bgcolor="#555555"><table width="550" height="50"
border="0" align="center" cellpadding="0" cellspacing="1">
            <tr>
            <td width="77" height="25" bgcolor="#FFFFFF"><div align="center">
订单号</div></td>
            <td width="77" bgcolor="#FFFFFF"><div align="center">下单用户
</div></td>
            <td width="77" bgcolor="#FFFFFF"><div align="center">订货人
</div></td>
            <td width="77" bgcolor="#FFFFFF"><div align="center">金额总计
</div></td>
            <td width="77" bgcolor="#FFFFFF"><div align="center">付款方式
</div></td>
            <td width="77" bgcolor="#FFFFFF"><div align="center">收款方式
</div></td>
            <td width="77" bgcolor="#FFFFFF"><div align="center">订单状态
</div></td>
            </tr>
            <?php
            do{
            ?>
            <tr>
            <td height="25" bgcolor="#FFFFFF"><div align="center"><?php echo
$info['dingdanhao'];?></div></td>
            <td height="25" bgcolor="#FFFFFF"><div align="center"><?php echo
$info['xiadanren'];?></div></td>
            <td height="25" bgcolor="#FFFFFF"><div align="center"><?php echo
$info['shouhuoren'];?></div></td>
            <td height="25" bgcolor="#FFFFFF"><div align="center"><?php echo
$info['total'];?></div></td>
```

```
                <td height="25" bgcolor="#FFFFFF"><div align="center"><?php echo
$info['zfff'];?></div></td>
                <td height="25" bgcolor="#FFFFFF"><div align="center"><?php echo
$info['shff'];?></div></td>
                <td height="25" bgcolor="#FFFFFF"><div align="center"><?php echo
$info['zt'];?></div></td>
            </tr>
            <?php
                }while($info=mysqli_fetch_array($sql));
            ?>
        </table></td>
      </tr>
    </table>
    <?php
        }
      }
    ?>
  </body>
</html>
```

10.5 信息管理功能

信息管理功能就是指管理员在网站后台能够实现对新闻、用户发布的商品评价等一些相关信息进行管理的操作，实例制作了"管理公告""发布公告"和"管理评价"3个功能选项，通过这3个功能能够实现整个网站的即时公告发布、公告修改以及商品评论的编辑修改功能。

10.5.1 管理公告

管理公告功能是指在后台对发布的公告可以进行修改和删除的操作，实例管理公告的主页为admingonggao.php。

步骤01 制作好的admingonggao.php页面效果如图10-23所示。

图 10-23 管理公告 admingonggao.php

步骤02 选中"选择"复选框，单击"删除所选"按钮将表单提交到deletegonggao.php进行删除公告的操作，代码如下：

```
<meta http-equiv="Content-Type" content="text/html; charset=utf-8">
<?php
```

```
include("conn.php");
while(list($name,$value)=each($_POST))
{
  mysqli_query($conn,"delete from tb_gonggao where id='".$value."'");

}
header("location:admingonggao.php");
?>
```

步骤03　单击"修改"文字链接，可以打开editgonggao.php页面进行公告的编辑操作，该页面如图10-24所示。

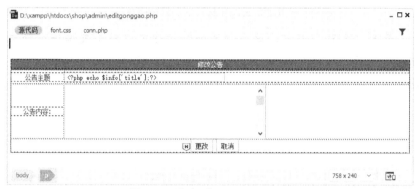

图 10-24　修改公告 editgonggao.php

步骤04　输入修改的公告主题和公告内容，再单击"更改"按钮可以提交表单到saveeditgonggao.php进行内容的更新操作，更新的代码如下：

```
<meta http-equiv="Content-Type" content="text/html; charset=utf-8">
<?php
$title=$_POST['title'];
$content=$_POST['content'];
include("conn.php");
mysqli_query($conn,"update tb_gonggao set title='$title',content='$content'
where id='".$_POST['id']."'");
echo "<script>alert('公告修改成功!');history.back();</script>";
?>
```

10.5.2　发布公告

用于添加新的公告页面是addgonggao.php，实现的方法就是采集公告的字段进行数据的插入操作即可以完成，本小节就介绍新添加公告的具体方法。

步骤01　制作采集公告的addgonggao.php页面如图10-25所示。

图 10-25　addgonggao.php 页面的效果

步骤02　录入完主题和内容，单击"添加"按钮可以提交表单进行验证，并提交到savenewgonggao.php页面进行新闻公告的保存操作，实现的代码如下：

```
<meta http-equiv="Content-Type" content="text/html; charset=utf-8">
<?php
include("conn.php");
$title=$_POST['title'];
$content=$_POST['content'];
$time=date("Y-m-j");
mysqli_query($conn,"insert  into  tb_gonggao  (title,content,time)  values
('$title','$content','$time')");
echo "<script>alert('公告添加成功!');history.back();</script>";
?>
```

10.5.3　管理评价

后台信息管理的最后一个功能是"管理评价"功能，通过此功能可以将商品的一些负面信息进行删除，管理评价功能的页面是editpinglun.php，制作的方法如下：

步骤01　制作的editpinglun.php页面效果如图10-26所示。

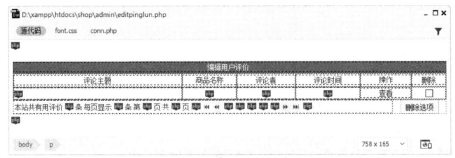

图 10-26　编辑用户评价 editpinglun.php

步骤02　通过单击"查看"文字链接能打开Windows窗口显示评价的详细内容，实现的代码如下：

```
<?php
    include("conn.php");
```

```php
    $sql=mysqli_query($conn,"select count(*) as total from tb_pingjia ");
    $info=mysqli_fetch_array($sql);
    $total=$info['total'];
    if($total==0)
    {
      echo "本站暂无用户发表评论!";
    }
    else
    {

?>
  <script language="javascript">
  function openpj(id)
  {

window.open("lookpinglun.php?id="+id,"newframe","width=500,height=300,top=100,
left=200,menubar=no,toolbar=no,location=no,scrollbar=no,status=no");

  }
</script>
```

步骤03 选中"删除"复选框，再单击"删除选项"按钮将表单提交至删除评价的页面 deletepingjia.php，该页面的代码如下：

```php
<?php
include("conn.php");
while(list($name,$value)=each($_POST))
 {
    $id=$value;
    mysqli_query($conn,"delete from tb_pingjia where id=".$id."");

 }
header("location:editpinglun.php");

?>
```

本章系统地讲解了翡翠电子商城的后台管理开发办法，一般的电子商城的常用功能也无非就是这些，有些比较复杂的结算系统如积分系统，迭代结算系统等都是在使用PHP的运算函数基础上使用客户提供的结算运算公式去实现的。读者可以触类旁通，举一反三，在掌握本系统开发方法的基础上做更多的需求开发，真正成为PHP高级程序员。